普通高等教育"十四五"系列教材

住区规划设计

主　编　高长征　田伟丽　宋亚亭

中国水利水电出版社
www.waterpub.com.cn
·北京·

内 容 提 要

本教材旨在对生活圈体系下住区规划设计方法进行初步尝试,重点在于探讨"认知—感悟—设计"三个阶段的规划设计方法。认知阶段主要借鉴社会学调查的方法,基于居住人群的实际需求,对社会、文化、经济、空间等展开全方位的调研,以期能够有较为深入的认知;感悟阶段是基于对生活圈的解析,抓住人群特征和行为习惯的特点,对住区空间有较为深刻的感知和界定;设计阶段则是在生活圈体系下,系统阐述如何灵活运用空间设计手法完成住区设计。

本教材内容丰富,图文并茂,适用于高等学校建筑学、城乡规划及风景园林等建筑类专业师生选用,亦可供关心住区发展的学者和规划设计人员参考。

图书在版编目（ＣＩＰ）数据

住区规划设计 / 高长征，田伟丽，宋亚亭主编. --
北京 ： 中国水利水电出版社，2022.8
普通高等教育"十四五"系列教材
ISBN 978-7-5226-0696-5

Ⅰ. ①住… Ⅱ. ①高… ②田… ③宋… Ⅲ. ①居住区
－城市规划－设计－高等学校－教材 Ⅳ. ①TU984.12

中国版本图书馆CIP数据核字(2022)第079879号

书　名	普通高等教育"十四五"系列教材 **住区规划设计** ZHUQU GUIHUA SHEJI
作　者	主编　高长征　田伟丽　宋亚亭
出版发行	中国水利水电出版社 （北京市海淀区玉渊潭南路 1 号 D 座　100038） 网址：www.waterpub.com.cn E - mail：sales@mwr.gov.cn 电话：(010) 68545888（营销中心）
经　售	北京科水图书销售有限公司 电话：(010) 68545874、63202643 全国各地新华书店和相关出版物销售网点
排　版	中国水利水电出版社微机排版中心
印　刷	天津嘉恒印务有限公司
规　格	184mm×260mm　16 开本　9.5 印张　240 千字
版　次	2022 年 8 月第 1 版　2022 年 8 月第 1 次印刷
印　数	0001—2000 册
定　价	**30.00 元**

凡购买我社图书，如有缺页、倒页、脱页的，本社营销中心负责调换

前　言

按照《建筑类教学质量国家标准》（2018 年版）和《高等学校建筑学本科指导性专业规范》（2013 年版），住区规划设计是建筑类专业知识体系中的重要知识单元。特别是 2018 年生活圈概念提出，住区规划设计开始执行的《城市居住区规划设计标准》（GB 50180—2018）明确了 15 分钟生活圈、10 分钟生活圈、5 分钟生活圈和居住街坊的概念，引导住区规划设计更好地以人为本，以人的尺度组织生活空间。而目前国内本科教育住区规划设计课程采用的教材多是参照《城市居住区规划设计规范（2002 年版）》（GB 50180—1993）编写，已不能较好地适应当前人才培养的需求。

在当前城市发展转型期，住区人群对"住"的消费行为和方式发生了重大转变，传统大规模、标准化方式建设的住区已经难以适应市场需求，未来最受欢迎的是能够满足不同人群特征的个性化住宅产品，满足现代生活方式需求的高品质公共服务设施，和满足人群精神文化需求的活力共享的外部空间环境等。针对住区人群需求，特别是行为需求，从生活出发，以人为本营造住区将是未来住区规划设计的趋势。同时，在消费市场日益强调认同及体验的影响下，社会学的调查研究方法日趋成熟；在"互联网＋"的时代背景下，先进的科学技术手段加上网络技术的推广和普及，使获取住区人群数据和样本成为可能，为基于人的需求展开住区规划设计提供了强有力的技术支撑。故而，生活圈体系下住区规划设计研究是新时代发展的必然趋势，是推动住区规划设计实现以人为本的重要途径。

随着城镇化由快速化向品质化的转变，住区空间品质要素的挖掘、梳理和设计变得越来越重要，这些知识点成为学生学习的新重点和难点。基于此，本教材主要从以下三个方面进行创新：

（1）响应新时代国家政策，顺应住区发展趋势。在第 1 章增加生活圈住区概念的界定内容，率先引入社区生活圈理念，在第 2 章增加老年住区、智慧住区等新型住区类型，完善住区规划设计知识体系。

（2）引入社会学理论，在第 4 章重点论述人群及生活特性分析，关注不同年龄段行为特征分析，建构住区空间、生活行为、文化习俗的关联网络，将住区知识点立体化。

（3）运用虚拟现实技术，增加住区方案空间虚拟现实沉浸设计，进行不同类型生活圈工程案例分析，将知识体系与空间感知结合起来，完善住区规划设计教材，提升学习效率和参与感。

本教材正是在社会发展的新阶段，基于对生活圈的分析，提出了"认知—感悟—设计"三个阶段的住区规划设计方法。全书内容共分 10 章，主要特色有以下两点：

（1）引入社会学理论，打破知识点单向关联，使其立体融合。打破现有从单一学科建构住区知识体系的局面，引入社会学理论，将建筑学、城乡规划、风景园林等多个学科集合。从住区原理向上拓展到社会学、向下延伸到建筑学、园林景观学，形成多层次网络化知识单元结构，从传统专注于建筑和空间布局形态知识引导过渡到住区活力、健康生活营造等更加饱满立体的知识引导。

（2）融入全过程案例，强调教材科普教育属性，突出学科实践性。教材参编者以自身参与的全过程案例为媒介，将枯燥的知识带入到设计真实环境中，同时借助虚拟现实增强技术对重点和难点知识、设计过程综合问题进行仿真模拟，通过案例全过程、多途径深度感悟，帮助学生建立知识与实践应用的内在关联。

本教材由华北水利水电大学高长征、田伟丽、宋亚亭均等完成，三位教师分属建筑学、城乡规划、城市设计三个专业方向，在平常的教学中组成了人居环境学科教学团队。本教材主要内容和具体分工如下：第 1～2 章主要阐述课程设置和住区发展的新趋势，由高长征执笔；第 3 章借鉴社会调查研究方法，对住区空间、人群和市场系统进行认知调查，由宋亚亭执笔；第 4～5 章主要解析住区人群需求、匹配特定空间，从而明确住区人群和空间结构，由宋亚亭执笔；第 6 章探讨了在生活圈体系下住区的空间结构与建筑布局，由高长征执笔；第 7～9 章分别从道路交通、配套设施和外部空间等方面阐述设计方法，由田伟丽执笔；第 10 章由高长征执笔；附录部分由高长征、田伟丽、宋亚亭共同编写；研究生张晗、付晗、常欣妍、臧宝锴参与了图片和图表的整理、绘制工作。

人改造世界，世界也在改变人。作为建筑学专业高校教师，感谢大大小小的住区项目给我们提供的实践机会，改变了"一切从构图出发"的思维定式。本教材自2017年起即着手编写，开始思考"生活圈"理念的设计应对，历时近5年。即将束册之际，更是感叹建筑教学研究是一个无止境的过程。由于笔者自身对社会调查、住区空间行为和住区设计等方面的理解还不够全面，缺点和错误在所难免，专业知识的推陈出新需要大家共同探讨，不足之处，欢迎大家批评指正，我们将在今后不断改进，深表谢意！

　　本书配备有数字化教学资源库，为教师提高课程教学质量提供支撑，教师可利用本库提供的文本文稿、视频动画、图形图像等素材库集成具有个性化的教学方案。

编　者

2022 年 2 月

数 字 资 源 清 单

资源编号	资 源 名 称	资源类型	资源页码
资源 7.1	思考题答案	文件	69
资源 8.1	配套设施规划布局	视频	75
资源 8.2	配套设施规划布局	课件	75
资源 8.3	思考题答案	文件	80
资源 9.1	住区外部空间设计	视频	82
资源 9.2	思考题答案	文件	89
资源 10.1	住区规划设计课程简介	视频	90
资源 11.1	虚拟任务书	视频	99
资源 11.2	科达清华园住区规划设计	图片	123
资源 11.3	建海盛世新城住区规划设计	图片	126
资源 11.4	尚城公馆住区规划设计	图片	129

目　录

第1章

住区概念认知

住区是对现代居住组织形式的统称。城市生活方式不断转变，居住需求、住区组织形式随之变化。我国现代住区，从引入西方的邻里单位、苏联的扩大街坊等概念和理论开始，逐渐形成居住区、居住小区等概念，但这些概念过多关注物质空间。随着我国社会经济不断发展，住区品质要求不断提高，物质空间以外的要素越来越多地被关注，于是社区、生活圈等概念相继出现并不断完善。本教材通过概念演变了解住区发展历程，重点解译现代住区从邻里单位向生活圈住区的转变。邻里单位是现代住区最早的组织形式，居住区是现代住区最常用的形式，生活圈住区是居住组织形式对现代社会发展和空间需求的应对。本章从住区概念出发，重点阐述现代住区发展的三个阶段——邻里单位、居住区、生活圈等住区概念。

资源 1.1
住区概念
认知 .ppt

1.1 邻里单位、扩大街坊

1.1.1 邻里单位

20 世纪以后，一些发达资本主义国家工业快速发展，原有街巷式的住区组织形式逐渐受到车辆交通干扰，人群对住区安全的需求受到干扰。因此，20 世纪 30 年代，美国建筑师西萨·佩里以控制住区内部车辆交通、保障居民安全和环境安宁为出发点，提出"邻里单位"（图 1.1），试图将邻里单位作为组织住区的基本形式和构成城市的"细胞"，从而改变了城市中原有住区组织形式的缺陷。

西萨·佩里从交通、规模、设施等 3 个方面对邻里单位进行了控制，具体体现在以下 6 条基本原则当中：

（1）邻里单位周围被城市道路所包围，城市道路不穿过邻里单位内部。

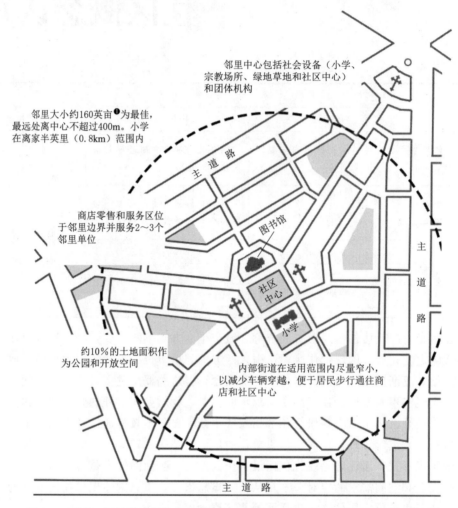

图 1.1 西萨·佩里邻里单位示意图（参照《居住区规划原理与设计方法》绘制）

（2）邻里单位内部道路系统应限制外部车辆穿越，一般应采用尽端式，以保持内部安静、安全的居住环境。

（3）以小学的合理规模为基础控制邻里单位的人口规模，使小学生上学不必穿越城市道路，一般邻里单位的规模约 5000 人，规模小的 3000～4000 人。

（4）邻里单位的中心建筑是小学，与其他的邻里服务设施一起布置在中心公共广场或绿地上。

（5）邻里单位占地约 160 英亩（64.75hm²），每英亩 10 户，保证儿童上学距离

---

❶　1 英亩 ≈ 4046.8648m²。

不超过半英里（0.8km）。

（6）邻里单位内的小学附近设有商店、教堂、图书馆和公共活动中心。

邻里单位是现代住区概念的起源，产生了深远的影响。1928年，C. 斯坦因和H. 莱特提出的美国新泽西州雷德朋规划方案是邻里单位理论的最早实践；第二次世界大战后，西方各国住房短缺，邻里单位理论在英国和瑞典等国的新城建设中得到广泛应用；我国在20世纪50年代初开始借鉴邻里单位的规划手法来建设住区，如北京的"复外邻里"（图1.2）和上海的"曹阳新村"，住区内设有小学和日常商业点，使儿童活动和居民日常生活能在本区内解决，住宅多为二三层，类似庭院式建筑，布置比较灵活自由。

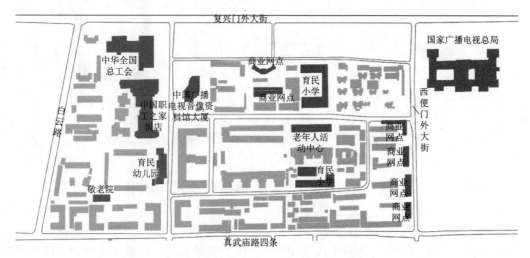

图1.2 "复外邻里"居住区示意图（根据卫星影像图绘制）

1.1.2 扩大街坊

邻里单位被广泛采用的同时，苏联提出了扩大街坊的概念。扩大街坊与邻里单位十分相似，一个扩大街坊中包括多个居住街坊，扩大街坊的内部是配套设施，周边是城市交通，且在住宅布局上更强调周边式布置，以保证内部生活安全。

1953年我国开始向苏联学习，以"街坊"为主体的工人生活区开始出现。北京棉纺厂、酒仙桥精密仪器厂、洛阳拖拉机厂、长春第一汽车厂等家属住区片区都属于扩大街坊的实践案例，以北京百万庄小区最为典型（图1.3）。扩大街坊的概念对我国住区规划思想的影响较大，从新中国成立后到20世纪90年代末大部分的家属院都属于扩大街坊的类型，成为我国住区发展过程中一种十分重要的住区类型。

邻里单位和扩大街坊的相似之处在于内向型的组织模式，是工业化初期机动车交通快速发展，城市交通模式发生转变，造成居住人群安全感缺失的表现。通过道路交通的内外隔离、配套设施的中心式布局，开启了住区作为城市构成单元独立发展、围合式布局的格局。

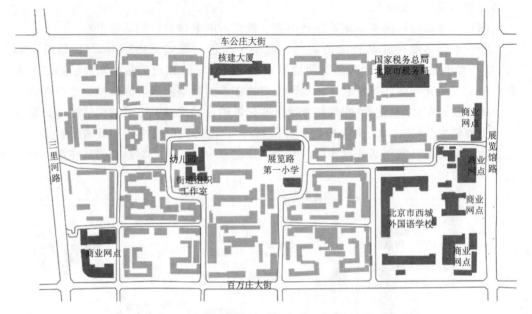

图 1.3　北京百万庄小区（根据卫星影像图绘制）

1.2　居住区、居住小区、居住组团

20 世纪 50 年代后期居住小区的概念出现，苏联建设了实验小区——莫斯科齐廖摩什卡区 9 号街坊，其特点是不再强调平面构图的轴线对称，打破住宅周边式的封闭布局，此外学校、托儿所、幼儿园、餐饮和商店等配套服务设施，电影院和大量的活动场地等不再严格控制在小区内部，以保证住区具有更加安静的环境。

居住小区的规划理念一经引入我国即被广泛采用，在实践中总结出了按照居住人口规模进行等级划分的居住区、居住小区、居住组团的概念，《城市居住区规划设计规范（2002 年版）》（GB 50180—1993）中三种规模的概念被明确，并在我国大量的住区实践中得到广泛运用。

1.2.1　居住区

居住区泛指不同居住人口规模的居住生活聚居地和特指城市干道或自然分界线所围合，并与居住人口规模（30000～50000 人）相对应，配建有一整套较完善的、能满足该区居民物质与文化生活所需的配套设施的居住生活聚居地。

1.2.2　居住小区

居住小区一般称小区，是指被城市道路或自然分界线所围合，并与居住人口规模（7000～15000 人）相对应，配建有一套能满足该区居民基本的物质与文化生活所需的配套设施的居住生活聚居地。

1.2.3　居住组团

居住组团一般称组团，指一般被小区道路分隔，并与居住人口规模（1000～3000

人）相对应，配建有居民所需的基层配套设施的居住生活聚居地。

随着计划经济向市场经济转型，房地产市场蓬勃发展，居住区、居住小区、居住组团等住区的商品属性越来越受到重视。住区安全、舒适、卫生、便利等需求成为住区开发建设的重点，住区的规范引导日益重要。居住区、居住小区、居住组团等住区在边界、规模、设施、日照等方面呈现出很强的技术量化要求，并以合理的人口规模作为概念界定的主要依据（图1.4）。

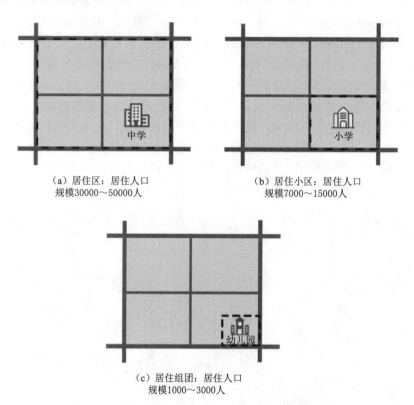

（a）居住区：居住人口
规模30000～50000人

（b）居住小区：居住人口
规模7000～15000人

（c）居住组团：居住人口
规模1000～3000人

图1.4 居住区、居住小区、居住组团对比图

1.3 社 区、生 活 圈

随着对邻里交往、生活品质的关注，相比侧重规范性和技术性的居住区、居住小区、居住组团等住区概念，社区、生活圈的概念逐渐出现并被广泛接受。社区及生活圈概念无意改变居住区、居住小区和居住组团等基本的物质层面属性，而是希望在物质属性完善的基础上关注人群的精神需求，基于社群、生活圈的视角完善住区概念，开启了住区建设的新趋势。

1.3.1 社区

社区既指实体的居住空间也包含社区文化与社区管理，具有物质形态与社会空间的双重内涵。德国社会学家滕尼斯提出了形成社区的4个条件：有一定的社会关系，在一定的地域内相对独立，有比较完善的配套设施，有相近的文化、价值认同感。按照社会学的解释，社区中的社会关系指一定地域范围内人们相互间的一种亲密的社会关系，包含了居民相互间的邻里关系、价值观念和道德准则等所有维系个人发展和社会稳定与繁荣的内容。

1.3.2　生活圈

生活圈概念最早始于日本，随后扩散至韩国以及我国台湾等亚洲国家与地区，其研究与实践的空间尺度涵盖了区域、城市、社区各个层面，且均有不同的适用内涵。其中社区层面的生活圈也叫社区生活圈，是指居民以家为中心，开展包括购物、休闲、通勤（学）、社会交往和医疗等各种活动所形成的空间范围或行为空间。

社区生活圈概念的提出和应用主要是为了更好地以人为本组织社区生活空间，其内涵实质是以人的尺度和体验来重新认识社区、改造社区、重塑社区（图 1.5）。一方面通过提炼居民日常生活规律，转译空间规划配置依据，从而确保规划更好地贴近和匹配日常生活；另一方面通过空间规划改变居民生活习惯和生活方式，引导居民生活向更加健康、绿色和活力的方式转变。社区生活圈规划以人为本的理念和广泛的公众参与是当今社区规划发展的主要方向。

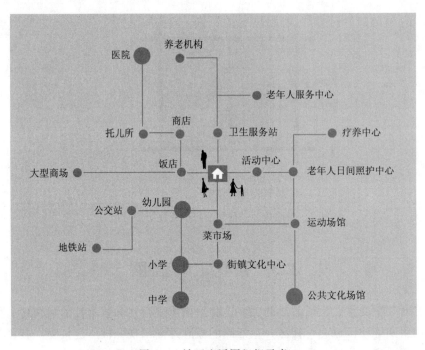

图 1.5　社区生活圈组织示意

社区和生活圈有很多相似之处，都期望通过建立住区内部之间的某种关系来营造住区更强的生活氛围。两者也存在不同之处，社区起源于欧洲，生活圈起源于亚洲；但两者最大的不同是，社区是从建立人与人之间关系的角度出发，生活圈是从建立人与人、人与物之间的关系更加全面的角度出发。

1.4 生活圈住区概念界定

社区生活圈概念的形成和发展，是住区发展的重要转折点，旨在从关注居住人群表象需求向关注人的内涵需求转变，强调人们生活习惯、生活行为对住区规模、住区空间结构、配套设施、道路交通和外部空间的影响。但如何基于人与人、人与物互动关系的内涵影响，进行住区规划设计的落实，是本教材研究的初衷。本教材依据《城市居住区规划设计标准》（GB 50180—2018），以居民的生活方式、生活需求为出发点，明晰居民生活的空间范围，将住区划分为 15 分钟生活圈住区、10 分钟生活圈住区、5 分钟生活圈住区三种类型（图 1.6）。

资源 1.2
标准 & 规
范对比认
知 .ppt

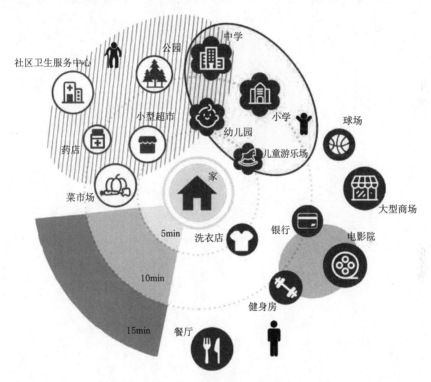

图 1.6 生活圈示意图［根据《上海市 15 分钟生活圈导则（试行）》
社区设施圈层布局示意图改绘］

1.4.1 15 分钟生活圈住区

以居民步行 15min 可满足其物质与文化生活需求为原则划分的住区范围，一般由城市干路或自然分界线所围合，居住人口规模为 50000～100000 人（17000～32000 套住宅，用地规模为 130～200hm²），配套设施完善。

1.4.2 10 分钟生活圈住区

以居民步行 10min 可满足其生活基本物质与文化需求为原则划分的居住区范围，一般由城市干路、支路或自然分界线所围合，居住人口规模为 15000～25000 人

（5000～8000 套住宅，用地规模为 32～50hm²），配套设施齐全。

1.4.3　5分钟生活圈住区

以居民步行 5min 可满足其基本生活需求为原则划分的居住区范围，一般由支路及以上城市道路或自然分界线所围合，居住人口规模为 5000～12000 人（1500～4000 套住宅、用地规模为 8～18hm²），配建社区服务设施。

思　考　题

资源 1.3
思考题答
案.pdf

1. 从居住组团到居住街坊作为住区基本单元的转变是什么？
2. 从邻里单位到生活圈住区，居住组织形式发生了怎样的演变？

第 2 章

住区类型认知

章 节 导 航			
分　节	核心问题	知识要点	毕业要求指标点
2.1 不同城市关系的住区	城市发展	外部条件决定住区内部建设	不同概念、不同类型住区的特征
2.2 不同居住人群的住区	居住空间分异	政策与经济的结合产生了人群居住的空间分异	
2.3 不同居住档次的住区	供给侧结构改革	居住的精神需求开始逐步超过物质需求	
2.4 不同开放程度的住区	城市发展转型	城市交通、经济、活力引导住区逐步开放	
2.5 不同建设时期的住区	城市存量更新	实现住区生命周期内供需平衡	
2.6 住区类型新趋势	精细化、精准化	居住需求品质化提升	

　　住区发展受经济、社会、城市建设、技术等因素的影响。经济社会不断发展，城市居民生活方式不断变化，日益呈现出多样化、个性化的特征。住区作为城市居民生活的载体，也逐步向多元化、定制化等方向发展转变。在城市新区或城郊涌现出了郊区大盘、度假住区、康养住区等住区类型；基于业缘关系形成了高教园区、公务员小区等住区类型，基于家庭不同阶段需求形成了刚需型、改善型等不同住区类型；当然也有城市管理提倡的开放型住区，基于特殊人群形成的青年公寓、老年住区等住区类型。住区的认知主要体现在对住区特色认知，根据某种影响因素，按照不同标准、不同角度进行住区类型的认知，可以深度了解住区的属性和特征，理解不同人群的需求差异。

2.1　不同城市关系的住区

　　城市增量发展时期，在政府引导和经济驱动双重作用力下，城市开发建设呈现出各方向此消彼长的建设状态，受经济驱动影响较大的房地产出现了近郊住区、都市村庄住区、城市住区三种不同城市关系的住区并行存在的状态（图 2.1）。

　　如图 2.1 所示，郑州市以三环为界，城市住区主要位于三环以内，且随城市发展

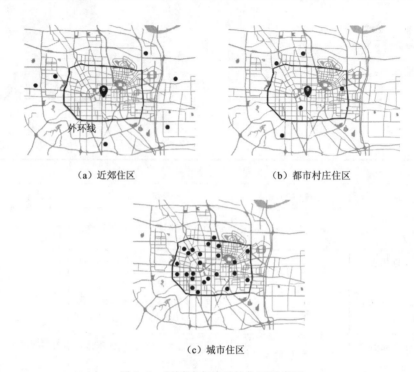

（a）近郊住区　　　　　　　　（b）都市村庄住区

（c）城市住区

图 2.1　不同城市关系的住区示意图

●—住区

不断向外拓展，数量最多、密度最大；都市村庄住区位于三环周边；近郊住区则在城市增长边界内，距三环有一定距离，具体位置与城市用地拓展潜力存在紧密关系。

2.1.1　城市住区

城市住区指城市主城区范围内有计划整体开发的生活聚居区，交通便利、配套设施相对齐全，是快速城镇化的产物。随着城市的不断发展城市住区开发强度逐步升高，因土地区位不同，地租级差差异呈现出一定的极差现象。

城市居住用地在城市用地分类中所占比重最大，城市住区自然成为城市的"底图"、城市空间肌理的主要载体。但城市住区多由不同开发企业开发建设，由于开发企业具有一定的企业特色，所以城市住区形成的城市"底图"表现出一定的"开发商"单元特征。

2.1.2　都市村庄住区

都市村庄住区指因城市不断向外扩展，原有村庄与城市互为影响而形成的特殊住区类型。在城镇化进程中，由于全部或大部分耕地被征用，居民的生活、就业方式逐步向城市转变，城市中的农村聚落空间组织形式依然是以宅基地为基本单元的生活聚居地，但村庄外部环境已呈现出较强的城市化现象。

都市村庄住区有两种形式：①以高密度的自建建筑为主，没有统一的规划和管理，游离于城市管理体制之外，具有城市与农村双重特征，人流混杂，设施配套不完善，成为城市外来人口的"落脚城市"，例如广州的石牌村；②以特色保护和开发建设为主，保留了村庄特色肌理空间和传统风貌，逐渐转型为旅游服务、文化展示等特色聚落，例如厦门的曾厝垵、广州的小洲村。

2.1.3　近郊住区

近郊住区指城市增长边界范围内距离城市主城区有一定距离的生活聚居地。受城市土地经济利益的影响，集体土地转化为国有土地并逐步出让，为了实现土地集约空间组织由宅基地为基本单元转变为高层单体建筑为基本单元，生产方式由传统农业生产为主向农业产业化类型转变。

近郊住区有三种形式：①追求良好的自然环境和居住舒适度，在城市生态环境良好、与城市主城区有快速交通联系的地区，由开发商开发建设的中低开发强度的商业住区，主要居住对象为中高收入人群；②随着城市地铁、轻轨等公共交通的向外拓展，利用城郊土地成本相对较低的优势建设的近郊住区，这种住区往往规模较大，由开发商整体优先或同步建设配套设施，满足了中低收入人群的居住需求；③为满足城市拆迁安置需求，基于城市近郊土地成本的级差，在近郊建设安置住宅，提高被安置居民的居住条件。

2.2　不同居住人群的住区

住区的核心是为"人"提供一个舒适、安全的家，所有居住人群都会综合平衡自身的经济条件、喜好、职住关系等选择适合自己的住区，其结果是具有一定相似特征的人会聚居在一起，即城市住区呈现出人群差异化。结合国家政策导向，目前主要有单位制住区、商业住区、保障房住区三种人群居住差异明显的住区类型。

2.2.1　单位制住区

单位制住区可以追溯到 20 世纪七八十年代（计划经济时代），单位在其生产、办公区周边统一建设员工集中聚居区，是我国实行完全福利化住房政策的产物。此时期的单位制住区多是功能混合的综合社区，空间本身是自足的，除就近提供就业功能外，住区内部提供其他类型的服务设施，菜市场、理发店等商业设施，小学、幼儿园等教育设施，存在很大程度上的自我依赖特征。

资源 2.1
国棉四厂
社区图片

1998 年以后，住房制度由福利型分配转为货币型分配，个人成为商品住房的消费主体。房地产市场到来，单位制住区基本停止建设，部分城市 2000 年以后建设了一些介于传统单位制住区和商业住区的公务员小区、高教园小区。目前保留下来的传统单位制住区正在随着城市更新改造的步伐逐渐减少。但是传统单位制住区具有时代特征的建筑风貌和活跃的邻里氛围，应该在更新改造的过程中给予延续，让其成为城市里具有生活气息的住区代表，丰富城市的居住空间。

2.2.2　商业住区

商业住区具体指经政府有关部门批准，由房地产开发企业开发，用于市场销售的住区。商业住区兴起于 20 世纪 90 年代，是计划经济向市场经济转变时，住房建设逐步由国家"统代建"、单位建房的模式转向房地产市场开发建设的结果。

随着我国房地产市场的发展、演变和成熟，商业住区已经成为住房市场的主体，近 40 年城镇化建设和拓展很大程度上得益于商业住区和商业地产的快速发展。商业住区的快速发展，从规划师的角度来看，使得住区风貌和空间逐步统一，住区的多样性逐渐减少；从住区者的角度来看，使得住房的成本在逐步提高，住区的功能逐渐单一。

2.2.3　保障房住区

资源 2.2
保障房住区
设计图片

保障房住区指政府为中低收入、住房困难家庭所提供的限定标准、限定价格或租金的住房聚居地，一般由廉租房、经济适用房、政策性租赁房、定向安置房等构成（图 2.2）。2008 年年底，国务院下发了《国务院办公厅关于促进房地产市场健康发展的若干意见》，开启了保障房住区建设之门。"十一五"期间，中国以廉租房、经济适用房等为主要形式的住房保障制度初步形成；"十二五"时期中国进入保障性住房建设"加速跑"阶段；"十三五"时期住房城乡建设部通过立法明确"租售同权"政策，将政策性租赁房纳入保障房内，使保障性住房成为更加实用的一种住房形式。

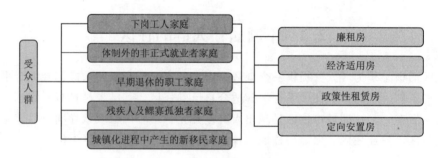

图 2.2　保障性住房类型与服务人群

保障性住房最大的特征就是套型面积相对较小，以 60m² 以下为主，其中经济适用房相对较大，但不能超过 90m²。所以，保障性住房的套型设计表现为极大的集约型，但为了满足中低收入人群长期居住的需求应该提供一定的可变性（图 2.3）。

1. 廉租房住区

廉租房是政府或机构拥有，按政府核定的低租金租赁给低收入家庭，低收入家庭对廉租房没有产权，是非产权的保障性住房。廉租房住区多以家庭为主，人口密度相对较高。

2. 经济适用房住区

经济适用房是指政府提供政策优惠，限定套型面积和销售价格，按照合理标准建设，面向城市低收入、住房困难家庭供应，具有保障性质的政策性住房。经济适用房住区是具有社会保障性质的商品住区，具有经济性和适用性双重特点。经济性指住宅价格相对于市场价格比较适中，能够适应中低收入家庭的承受能力；适用性指住房设计强调住房的使用效果，而非建筑标准。

3. 政策性租赁房住区

政策性租赁房指由国家提供政策支持，限定建设标准和租金水平，面向符合规定

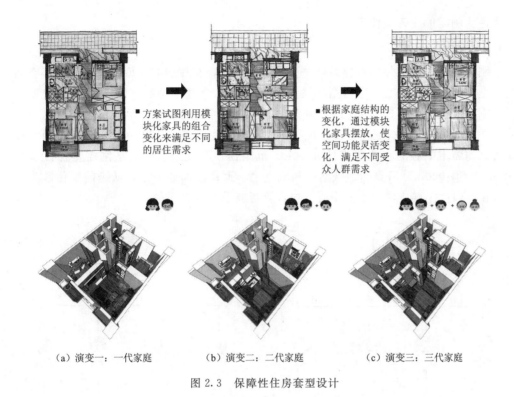

（a）演变一：一代家庭　　　（b）演变二：二代家庭　　　（c）演变三：三代家庭

图 2.3　保障性住房套型设计

条件的城镇中等偏下收入、住房困难家庭，新进就业无房职工和在城镇稳定就业的外来务工人员出租的保障性住房。政策性租赁房住区居住人口年龄段相对偏低，多为一些大学毕业生，流动性相对较高，还会包括一些退休老年人及残疾人等。

4. 定向安置房住区

定向安置房是政府进行城市道路、公共设施及其他城市建设项目时，对被拆迁住户进行安置所建的住房，安置对象为城市居民拆迁户，或征地拆迁房屋的农户。定向安置房住区套型面积多是将人均赔偿面积作为套型面积设计基数，此外由于单个家庭住房套数拥有量大于1，所以定向安置房住区还呈现出固定居住人群与流动租房人群混居的现象。

2.3　不同居住档次的住区

2.3.1　改善型住区

改善型住房主要是迎合购房者从"居住需求"向"舒适需求"转变的现象，是经济状况上升之后对生活品质提升的结果。改善型住房没有严格的标准性概念界定，以人均住房面积或房屋建筑面积作为判定标准，一般包含两种情况：①房屋面积大于90m²；②用于改善居住条件的第二套住房。

实际房地产市场当中多把住区整体户型大于140m²，小区内部环境标准较高的住区称为改善型住区；而把以90m²以上的户型为主，但90～140m² 户型为主力户型的住区称为刚需偏改善型住区。

2.3.2 刚需型住区

刚需型住区以自住为首要条件，多为唯一住房，在住房的户型、风貌、外部空间处理上以经济性为核心。刚需型住区多具备以下几个基本特征（图 2.4）：①户型特征，刚需型住区户型以 90m^2 以下为主，具有发展可变性，可满足城市主流家庭未来 5 年的家庭结构与人口变化；②区位特征，刚需型住区多位于市中心 30min 交通半径周边，与城市中心的直线距离约在 10km 范围内；③交通特征，从刚需型住区步行 10min（约 1000m）可到达地铁站点和城市主干道；④商业特征，从刚需型住区步行 10min 可到达区域或城市商业中心（包含百货商场、大型卖场）。

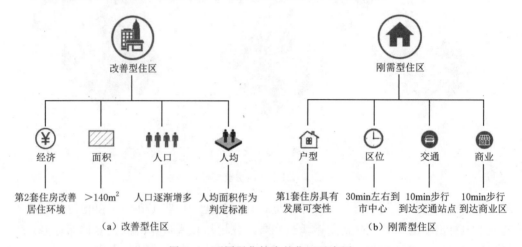

图 2.4　不同居住档次的住区示意图

2.4　不同开放程度的住区

2016 年 2 月，中共中央国务院《关于进一步加强城市规划建设管理工作的若干意见》提出：中国新建住宅要推广街区制，原则上不再建设封闭住宅小区，解决交通路网布局问题，促进土地节约利用；树立"窄马路、密路网"的城市道路布局理念，建设快速路、主次干路和支路级配合理的道路网系统。至此，在城市住区的类型中有了封闭型住区和开放型住区两种按开放程度划分的住区类型（图 2.5）。

2.4.1 封闭型住区

封闭型住区指边界明确且能隔离住区内外空间，内部设有统一管理机构的住区。封闭型住区产生的原因如下：①给居民提供一个安全、宁静的居住环境，让住区独立于喧嚣的城市之外；②方便物业管理，界定了物业公司的管理范围，明确了物业人员的关注重心；③增强业主的归属感，住区内外空间的分割在形式上提升了业主的归属感；④物权观念的影响，住区是有产权的，用地"红线"范围内的产权归属所有业主，业主希望住区内部的使用仅限于拥有权限的人。

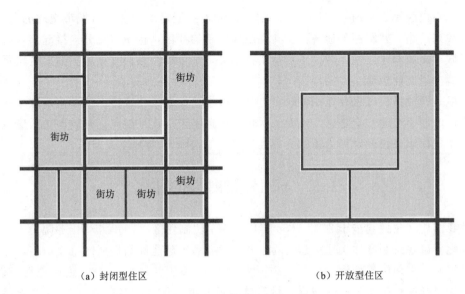

（a）封闭型住区　　　　　　　　　　　（b）开放型住区

图 2.5　封闭型住区和开放型住区

封闭型住区经过长时间发展，在上述原因的共同作用下，再加上城市土地开发模式的作用，特征越来越多：①规模较大，封闭型住区边界通常为城市干道，因此，城市新区封闭型住区规模可达 20hm² 左右，城市老城区虽然规模相对较小，但大都也可达 10hm² 左右；②功能相对单一，表现为单一的居住功能。

封闭型住区在一定程度上将城市喧嚣和潜在威胁隔离于住区围墙之外，但对城市空间整体塑造产生了消极影响：①破坏了城市街道景观，用地隐形的"红线"被住区的围墙和大门以显性方式表达出来，城市街道的景观作用基本不存在；②城市空间分异和隔离逐步加剧，不同阶层的人被围墙圈在不同的空间范围内，交流越来越少，社会分异增强；③对城市交通产生不利影响，限制了城市步行的便捷性，使居民出行必须绕行很远的路程。

2.4.2　开放型住区

开放型住区指内外空间自由流动，周边由建筑和开敞空间组成，没有封闭围墙的住区。为解决封闭住区的弊端开放型住区应运而生，是中国改革开放早期扩大街坊的一种变异。

与封闭型住区相比，开放型住区特征主要表现在以下三个方面：

（1）住区规模比较小。杨保军认为：开放型住区规模小一点的应该为 1～2hm²，最大不宜超过 4～5hm²；根据街坊所处城市地段，采用不同的控制标准，越靠近城市中心地段，规模相对越小。采用开放型住区的西方国家住区边界尺寸往往都在 200m 以下，小的甚至只有几十米。

（2）住区功能相对综合。开放型住区将封闭的居住空间和周边布局的商业、娱乐、休闲空间混合。空间混合带来了功能混合，功能混合带来了居民生活的混合。兼具生活、工作和娱乐休闲的空间，吸引着人们走出家门，进行邻里互动。

（3）住区周边交通组织便利。开放型住区改变了封闭型住区对城市交通的分隔，通过"窄马路、密路网"让各街坊共同组成完整的社区，将城市充分连接起来，既确保了城市交通的延续性，减少了步行出行距离，又可以为人们提供更多的出行路径选择，减少了交通拥堵。

但是开放型住区也存在一些缺点，其中最主要的就是住区楼下的车流增加、车速更快，增加了交通安全隐患，增大了居住区的近噪声干扰，因此，开放型住区应该通过控制规模和谨慎设定周边道路的等级、断面等来降低其缺陷。

2.5　不同建设时期的住区

我国住区建设起步于 20 世纪 50 年代，为单位制住区；1998 年《国务院关于进一步深化城镇住房制度加快住房建设的通知》发布后，新建商品房住区急速增多，并多依据《城市居住区规划设计规范（2002 年版）》（GB 50180—1993）进行规划建设。迄今为止既有住区作为我国城市存量建筑的重要组成部分，多在 20 世纪八九十年代建设，品质问题突出且亟待改善。

2.5.1　老旧住区

2020 年 7 月，国务院印发《国务院办公厅关于全面推进城镇老旧小区改造工作的指导意见》，开始在全国范围内推进城镇老旧小区改造。老旧小区通常是指单位制改革之前由政府、单位出资建设的居住区，与 1998 年商品房改革之后建成的居住区相比较，大多已跟不上时代的发展，配套设施不齐、违章搭建严重、停车位不足等问题日益凸显，直接影响了居民生活的质量、和谐社区的构建和美好城市的建设。

2.5.2　既有城市住区

资源 2.3
21 世纪社
区图片

既有城市住区为已建成并投入使用、人口规模不同、以居住为主要功能的生活聚集地。对既有城市住区来说，一方面，随着时间流逝，由于受建造质量、维护运营等客观因素制约，住区原先的物质设施和功能空间逐步衰退或供应不足，已难以匹配居民常规的使用要求；另一方面，随着城市社会经济发展、生活方式变迁与各项技术变革，住区居住环境品质和功能服务内容有限，已难以匹配上升的标准和新生的需求。既有城市住区更新的本质就是在住区建筑的生命周期内，为弥补住区在使用中出现的供需两方不匹配而采取的适时修复、补救与提升行动。

2.6　住区类型新趋势

我国住区从 20 世纪 50 年代发展到现在，卫生、安全、方便、舒适这些基本的物质需求已高质量实现，未来住区将在生活圈概念的引领下，在"窄马路、密路网"城市规划管理的驱动下，在城市建设向存量空间的转型下，在规划内容上逐步向满足以居民行为、心理活动为核心的精神需求发展，在规划形式上逐步从现在的空间分异向"小分异、大融合"转变。虽然会因此在某些划分标准下住区类型减少，例如在城市关系角度下近郊住区越来越少，在不同居住人群的角度下单位制住区减少，但也会因此增加一些小规模的个性化住区，例如老年住区、女性住区等。

此外，随着雄安新区的建设、粤港澳大湾区规划的出台，未来区域协同发展越来越紧密，第二居所的度假住区会逐步增多；随着现代信息技术的普及，《居住区机器人服务管理技术规程》即将出台，智慧城市下的智慧住区也会逐渐增多。

2.6.1 老年住区

2018年我国60周岁及以上老年人口2.49亿人，占总人口的17.9%；65周岁及以上老年人口1.67亿人，占总人口的11.9%；并且60周岁以上的老年人口每年正在以0.6%左右的速度递增。预计到2050年，60周岁以上的老年人将达到总人口的34%。中国是世界上唯一一个老年人口超过1亿的国家，是老龄化速度最快、老龄问题最严重的国家。随着老年人口比重不断上升，家庭小型化趋势越来越强，未来老年家庭的数量必定相应增多。为满足不断变化的家庭结构，特别是迎合老年人有别于中青年人的居住需求，建设新型老年住区则愈发迫切。

老年住区指针对老年人设计的老年人生活聚集地，核心特征在于医养结合。住宅设计会从适老化出发，综合考虑老年人的身体机能及行动特点，引入无障碍设计、急救系统等，以满足已经进入老年生活或以后将进入老年生活的人群的生活及出行需求；住区内会设有为老年人提供医疗保健的社区医院、看护所等医疗设施；还会布置满足老年人休闲活动需求的老年大学、活动中心等休闲设施。

2.6.2 度假住区

休闲度假住区也称为"候鸟之家"，是在良好的自然环境周边建设的一种购物、医疗、康体娱乐等生活服务功能齐全，满足居民节假日居住需求的住区。

日益激烈的市场竞争、拥堵的城市生活给现代城市居民带来的心理压力越来越大，都市人渴望有一个放松身心、缓解现代城市生活节奏的场所；城市空气环境恶劣，都市人更加向往良好的空气质量，希望在自然环境较好的地方拥有自己的"第二居所"；随着旅游方式从观光旅游向休闲旅游转变，沉浸下来慢慢感受旅游地的生活、文化氛围成为旅游重点。因此，旅游业和房地产业结合，催生出了住区新产物——度假住区，通过周期性改变生活环境，给城市居民一种逃离城市、享受生活的场所。度假住区多表现为两种类型：①区域范围内的度假住区，即在大都市周边、自然环境较好的地区建设的住区，用于满足都市居民周末居住需求（图2.6）；②全国范围内的度假住区，即在稀缺自然环境周边建设的住区，用于满足都市居民长假居住需求。

2.6.3 智慧住区

智慧住区是社区管理的一种新理念，是新形势下社会管理创新的一种新模式，指充分利用物联网、云计算、移动互联网等新一代信息技术的集成应用，为社区居民提供一个安全、舒适、便利的现代化、智慧化生活环境，从而形成基于信息化、智能化社会管理与服务的一种新的管理形态的住区（图2.7）。

随着"互联网+"时代的来临，"大数据"技术的广泛运用，"智慧"开始渗透到各行各业。利用"智慧"平台不仅可以解决一般问题，同时可以高效综合解决复杂问

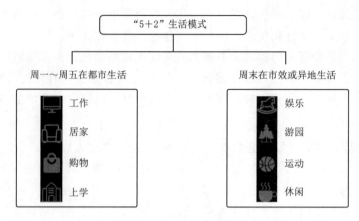

图 2.6 "5+2" 生活模式

图 2.7 智慧住区示意图

题。2014 年，国家八部委推出了《关于推进智慧城市健康有序发展的指导意见》，智慧城市建设形成了一个热潮。截至 2019 年，全国有四五百个城市（区、镇）进行了智慧城市建设，且有不断扩大的趋势。智慧住区是智慧城市建设的一项典型应用、必选指标，也是智慧城市考核重点内容。

思政小课堂：老旧小区改造

2017 年 3 月，住房城乡建设部发布了《关于加强生态修复城市修补工作的指导意见》，明确提出开展"城市双修"是治理"城市病"、改善人居环境的重要行动，能更好地优化城市住区空间结构，保护利用传统文化，修复自然生态。老居住区的更新也作为"城市双修"的目标之一被写入指导意见中。

2020 年 7 月，国务院印发《国务院办公厅关于全面推进城镇老旧小区改造工作的指导意见》，开始在全国范围内推进城镇老旧小区改造，在改造工作量大面广、时间紧凑的现实条件下，针对社区的设计策略应有更进一步的创新探索；《住房和城乡建设部等部门关于开展城市居住社区建设补短板行动的意见》指出居住社区是城市居民生活和城市治理的基本单元，是党和政府联系、服务人民群众的"最后一公里"。

思 考 题

1. 简述居住区、街区制小区、生活圈住区三种住区组织模式的关联。

资源 2.4
思考题答
案.pdf

第 3 章

住区感知方法

章 节 导 航			
分 节	核心问题	知识要点	毕业要求指标点
3.1 住区观察方法概述	住区调查采用什么样的方法	住区观察方法的实施技巧	掌握城乡规划社会调查的内容，并能运用到住区规划中
3.2 住区基本情况调查	住区基本情况观察的主要要素	住区空间环境调研的内容及方法	
3.3 住区市场调研	住区市场调研的主要要素	住区人群及市场需求调研的内容及方法	

住区调查是住区感知的重要手段和工具，是深入理解住区的主要途径。具体包含三个方面：住区内部空间、外部空间调查，了解住区的物质空间属性；利用社会学调查方法进行住区观察，感知住区行为活动与空间的关系；住区人群市场、产品市场调查，研判住区经济价值。三个方面相辅相成，缺一不可，也是住区定位的重要基础。

3.1　住区观察方法概述

住区观察方法主要是在传统的空间调查分析基础上，借鉴社会学的文献调查法、实地观察法、访问调查法、问卷调查法等方法，力求较为全面和深入地对住区进行感知。

3.1.1　文献调查法

文献调查法是指根据一定的调查目的收集、鉴别、整理文献资料，储存和传递调查对象相关信息，并通过文献研究形成科学认识，从而了解调查对象事实的方法。文献调查法不与调查对象直接接触，通过查阅各种文献间接获得信息，又称为"非接触性方法"。住区文献调查的内容主要包括住区所处城市的社会经济情况、区域的相关规划资料和住区所在基地的相关文献资料等，文献主要来源为统计年鉴、政府工作报告、国民经济和社会发展规划、相关规划成果等。

1. 文献调查法的作用

文献调查法是一种基本的社会调查方法，容易展开；主要用于调查对象基础资料的收集、分析。具体作用包括以下 4 个方面：①了解住区相关知识、理论观点；②搜集和住区相关的已有研究成果，分析其设计方法；③梳理与住区相关的方针、政策和法律法规；④探明住区相关的历史、现状发展背后隐含的原因。

2．文献调查法的实施技巧

文献调查法实施较为便利。实施技巧主要包括利用网络检索相关信息，通过图书馆、情报机构查找复印文献资料，图书商店和收藏馆购买文献资料，还可向有关部门和单位索要或借阅。

3．文献调查法的优缺点

文献调查法的优点主要为：调查范围较广、调查误差小，非介入性、无反应性，方便自由，花费人财物和时间较少。文献调查法的缺点主要为：文献落后于现实，缺乏具体性和生动性，对调查者的文化水平特别是阅读能力要求较高。

3.1.2　实地观察法

实地观察法指深入到社会现象的生活背景中，以参与观察和非结构式访谈的方式收集资料，通过对收集资料的定性分析理解和解释社会现象的调查研究方法，是有目的、有意识的观察和分析。实地观察法收集的资料通常是描述性材料，研究者对现场的体验和感性认识是实地研究的特色。实地观察法是城乡空间常用的社会调查研究方法，因其直接、生动和深入的特点，在多个学科领域都有广泛应用，是住区观察的典型方法。

实地观察法有目的地用感觉器官或科学仪器记录人们的态度或行为。与日常生活中人们的观察不同，系统的观察必须符合以下要求：①有明确的研究目的；②预先有一定的理论准备和比较系统的观察计划；③观察者经过一定专业训练；④有系统的观察记录；⑤观察者对所观察到的事实有实质性、规律性的解释。

1．实地观察法的分类

根据扬·盖尔等的《公共生活研究方法》，实地观察法可以细化为现场计数法、地图标记法、轨迹记录法、跟踪记录法、探寻痕迹法、影像记录法、日志记录法和步行测试法（图 3.1）。

（1）现场计数法。现场计数法是住区观察研究的一种基本方法，原则上讲，所有现象、行为等都可以被计数统计，例如人数、性别比例，多少人正在相互交谈、多少人在微笑、多少人是独自或与几个人一起行走、多少人在使用移动电话与人交流，周边有几家银行、几家商店等。

（2）地图标记法。在调研选定空间或区域内的地图上标记所发生的行为；标记在不同的时间段内，甚至更长时间跨度内人们在同一场所的位置状态；被标记的地图一张一张地叠加到一起，一个场所的静态模式的图景就会逐渐清晰地呈现出来。

（3）轨迹记录法。轨迹记录法指在图纸上绘制出人们移动的轨迹；观察者的视野可以看到选定空间中人们的所有移动方向，在图纸上绘出观察区域内某一特定时间段人们运动的轨迹。记录人们的活动轨迹不仅可以提供关于人的活动模式的基本知识，还可以提供人们在某一处特定场地的具体活动信息，比如走路的节奏、方向的选择、人流方向、哪个入口最拥挤、哪个入口人流最少等。

（4）跟踪记录法。跟踪记录法是以选定的人群为线索，线性观察他们活动的一种观察方法，观察者跟随选定的人群以便记录下他们的活动轨迹。与其他方法相比跟踪记录法是基于系统观察人群活动的记录方法，有助于全时态深入了解人群的行为活动

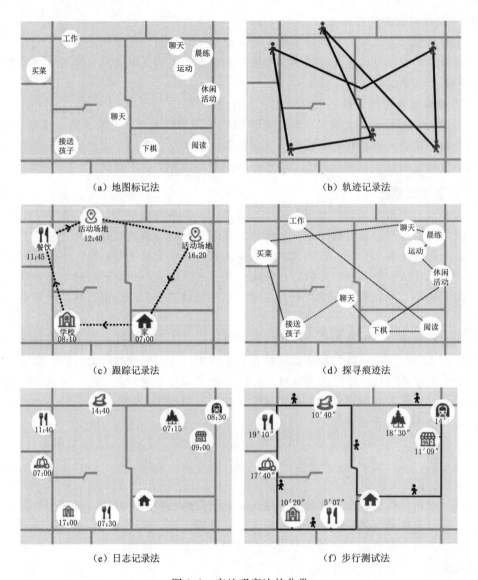

图 3.1　实地观察法的分类

特征。

　　（5）探寻痕迹法。探寻痕迹法针对某种特定类型的行为活动，根据其活动痕迹，记录人群活动状况。这种方法主要针对人群活动在空间活动中的分布进行观察和记录，有助于全面了解人群行为活动特征。

　　（6）影像记录法。影像记录法指用照片、影视等资料记录和说明城市空间，描述场景，展现城市空间形态与生活之间的互动关系。这种方法不仅能够呈现空间特征、场景状况，还能够挖掘人们对空间的无意或潜意识认知，从而更加深入、全面地了解他们对空间的理解及相互关系。

　　（7）日志记录法。日志记录法是一种实时而系统的观察方法，通过规律记录视野所及的每一件事物，系统记录人群行为状况或城市事件。这种方法能够系统呈现人群行为活动规律和空间特征,是一种更为深入的细节观察方法。

(8) 步行测试法。步行测试法需要步行穿过事先选定的路径,记录途中等待的时间、可能中断行走的障碍物或者岔道口等情况。步行测试法基于人群的空间行为对城市空间进行测量,同时基于空间行为对城市空间进行反馈和评价,也是一种特别的空间观察和测量手段。

2. 实地观察法的特点

实地观察法同样是住区观察的重要方法和手段。首先,实地观察法是观察者有目的、有计划的自觉认识活动;其次,实地观察法的观察过程是积极、能动的反应过程;最后,实地观察法的观察对象应处于自然状态。

3. 实地观察法的实施技巧

实地观察法的实施较为容易,技巧包括以下几点:①选好观察对象和环境;②选准观察时间和场所;③灵活安排观察程序;④尽量减少观察活动对被观察者的影响;⑤争取被观察者的支持和帮助;⑥观察和思考紧密结合;⑦制作观察工具并及时做好记录。

4. 实地观察法的优缺点

实地观察法的优点为:①简单易行且适应性强;②适用于那些不能够、不愿意语言交流的社会现象;③获得的是直接、具体、生动的感性认识;④能够掌握大量一手资料,调查结果较为真实可靠。

实地观察法的缺点为:①定性研究为宜,较难进行定量研究;②观察结果具有一定的表面性和偶然性;③只能进行微观调查,不能进行宏观调查;④调查结果受主观因素影响较大;⑤难以获得观察对象主观意识行为的资料。

3.1.3 访问调查法

访问调查法又称访谈法,是访问者有计划地通过口头交谈等方式,直接向被调查者了解有关社会调查问题或探讨相关城市社会问题的社会调查方法。

根据访问调查内容的不同,可以将访问调查划分为标准化访问和非标准化访问。标准化访问是指按照统一设计的、具有一定结构的问卷所进行的访问,又可称为结构式访问。非标准化访问是指按照一定调查目的和粗略的调查提纲开展的访问和调查,又可称为非结构访问;对访谈中所询问的问题仅有一定的基本要求,提出问题的方式、顺序等都不做统一规定,可以由访问者自由掌握和灵活调整。

1. 访问调查法的调查设计

(1) 接触设计。访问调查法是住区观察方法中最需要与人交往的一种方法,访问调查的过程中对观察者的要求较高。接近被访问者应该注意对被访问者的称呼,以恰当的形式让被访问者感受到亲切;同时要注意选择恰当的接近方式,从而不显得唐突。访问调查前的接触设计是一个好的访问调查的开始。

(2) 问题设计。首先,应注意化大为小,破题细问,顺应人的思维,遵照人们的思维活动规律,将一个问题解析为若干小问题进行提问,有助于将问题问得较为深入;其次,应耐心启发,寻求突破,针对被访问回答问题时候的状态,积极、耐心地引导被访问者,帮助其保持思维和回忆的连续性,将问题思考得较为深入;最后,针对被访问者有时忘记了某些关键性内容或不能形成连续记忆时，访问者可以适当刺激、反面设问，从而引发被访问者的某些有效记忆。

（3）提问设计。首先，提问时语言应尽量简短，做到通俗化、口语化和地方化，避免过多的学术术语和书面语言，提问速度要适中；其次，应注意问题本身的性质特点，对于比较尖锐、复杂、敏感和有威胁性的问题，应采取谨慎、迂回的方式提出，一般性问题可大胆和正面提出；再次，要考虑到被访问者的实际情况，对于顾虑重重、敏感多疑或回答问题能力较差的被访问者，应层层诱导，逐步提出问题；最后，提问时应考虑到访问者和被访者的关系，在访问者和被访问者互相不熟悉、尚未取得信任和感情的情况下，应该采取耐心慎重的方式提问，包括合理、恰当地选择访问的问题。

（4）听取设计。听取回答的步骤方面，首先注意捕捉和接收信息；其次注意理解和处理信息；最后应该有良好的记忆和做出反应。听取回答的层次分为三级：①被动消极地听取回答；②表面地听取回答；③积极有效地听取回答。在听取回答时一定要避免前两种情况的产生，而积极有效地听取回答又有以下 4 方面要求：①端正态度；②排除听取问题时候的障碍；③提高记忆能力；④还要善于及时反馈被访问者的信息。

2. 访问调查法的实施技巧

（1）访问准备。访问调查法和其他调查方法一样，调查开始之前需做一系列准备工作，主要包括确定访问内容、时间、地点、对象以及如何实施访问等 5 方面，具体如下：

1）科学设计访问提纲，包括详细的访问问题及问题的询问方式，还包括问题询问顺序等，如果是标准化访问，则应该设计统一的访问提纲和问卷。

2）恰当选取访问时间和访问地点。访问调查法对被访问者的精神状态、时间及环境条件要求较高，访谈时间的选择因人而异，一般应选择被访问者工作、劳动及家务不太繁忙，心情又比较好的时间。

3）选择对访问内容熟悉的人作为被访问者。选择访问对象之后，要对被访问者的基本情况做尽可能多的了解，以利于灵活控制和调节访谈气氛等。

4）拟定访问实施程序表。对要进行的工作与时间全面安排，如准备访问前应阅读的资料、被访问者访问前应该了解的访问内容，约定访问的时间、地点等内容。

（2）访问过程。

1）访问调查开始时，应注意说明来意，消除被访问者的顾虑，增进双方的沟通了解。

2）建立良好的访谈氛围是访问调查取得成功的关键，没有平等的态度、融洽的访谈气氛，推心置腹的谈论难以展开。

3）注意捕捉非语言信息。非语言信息是调查访问过程中应当关注的有重要价值的采访信息，主要包括被访问者的形象语言、肢体语言，以及访问调查的环境语言等方面，同样是访问者为了给被访问者营造良好的访谈氛围应该注意的。

4）提高访问者的个人修养和情商，注意关注访谈的整个过程，有目的、积极地注意被访问者以及其行为和谈论的内容。

总之，访谈过程应注意利用一切可以利用的手段，将访谈气氛营造得较为融洽，让被访问者能够畅所欲言，控制好访问者的一切可能的干扰。同时，访问过程应注意虚心请教，礼貌待人。

3. 访问调查法的优缺点

访问调查法的优点为：应用范围广，有利于实现访问者和被访问者的互动，易于对调查内容深入探究和讨论；调查过程可由调查者灵活控制和把握，调查成功率和可靠率可以提高。

访问调查法的缺点为：主观影响较大、有些问题不宜当面回答等；调查材料和信息的准确性有待查证；访问调查人财物和时间成本花费较大。

3.1.4 问卷调查法

问卷调查法又称问卷法。问卷指社会组织为一定的调查研究目的统一设计、具有一定结构和标准化的问题，是社会调查中用来收集资料的一种工具。问卷调查法是调查者使用统一设计的问卷向被选取的调查对象了解情况或征询意见的调查方法。

问卷调查法因其标准化的问题设计，便于大量样本数据的调查和采集，有助于进行定量研究。

1. 调查问卷的结构

(1) 卷首语。卷首语一般包括调查单位与调查人员身份、调查目的与内容、调查对象选取与资料保密措施、致谢与署名四方面内容。这些内容有助于调查者获取被调查者的信任，也有利于被调查者加入调查中来。

(2) 问卷说明。问卷说明是用来指导调查者科学、统一填写调查问卷的一组说明，其作用是对填表的方法、要求、注意事项等做出总体说明和安排。

(3) 问题与回答方式，包括问卷调查所要询问的问题、被调查者回答问题的方式以及回答某一问题可以得到的指导和说明等。

(4) 编码。把问卷中所询问的问题和被调查者的回答，全部转变为 A、B、C、D…或 a、b、c、d…等代号和数字，以便运用电子计算机对调查问卷进行数据处理和分析。

(5) 其他资料，包括问卷名称、被访问者的地址或单位（可为编号）、调查者姓名、调查时间、调查地点、问卷完成情况、问卷审核人员和审核意见等，是对问卷进行审核和分析的重要资料和依据。

2. 调查问卷的问题设计

(1) 问题种类。问题种类主要分为背景性问题、客观性问题、主观性问题和检验性问题四类。

(2) 问题排列。问题排列的方式可分为以下 3 种类型：①按照问题的性质与类别排列；②按照问题发生的先后时间顺序排列；③按照问题难易程度排列。

(3) 问题设计原则。问题设计主要满足客观性、可能性、必要性和自愿性 4 个原则。

(4) 问题表达原则。问题表达一般遵循通俗、具体、准确、单一、客观、简明和习惯等原则。对于较为特殊或较为敏感的问题，可以巧妙地利用假设法、转移法、解释法、模糊法等方法来表达。

（5）问题数量控制。问卷越短越好，越长越不利于问卷的完成，越短的问卷完成度越高。一般问卷长度应控制在 20min 内完成，最长不应超过 30min。

3. 问卷调查法的优缺点

问卷调查法的优点为：调查范围广，调查数量大，有利于定量研究；问题回答方便、自由和具有较高的匿名性。

问卷调查法的缺点为：缺乏生动性和具体性；缺少弹性，难以定性研究；被调查者合作情况难以控制；问卷回复率和有效率较低。

3.2　住区基本情况调查

资源 3.1
住区基本情
况调查.mp4

资源 3.2
住区基本情
况调查.ppt

3.2.1　外部环境观察

3.2.1.1　区位环境

1. 地理区位

调查方法：文献调查法和实地观察法。

调查内容：住区地理位置、周边组团关系、与中心城区地理关系等（图 3.2）。

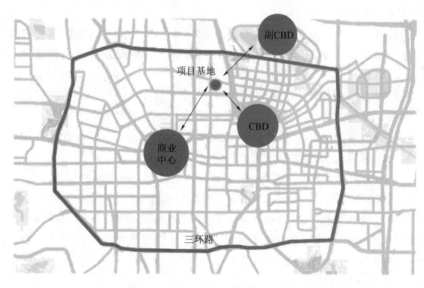

图 3.2　住区地理区位分析示意图

地理区位指住区的地理位置，比如所处的区域、与中心城区的距离等。地理区位对房地产价值的影响，一部分通过量化了的级差地租反映出来，成为开发成本；不能简单量化的部分，例如区位环境联动所产生的影响，会对住区的投资者和消费者造成潜在的价值影响。

不同人群对住区地理区位的关注也不同。低收入人群，关注廉价住房和相对方便的通勤，对居住所在的区位性质要求不高；高收入人群，关注幽雅舒适的环境和便捷完善的配套设施，即他们所关心的是自然美色、宜人的环境和完善的配套设施，远郊区风景优美的住区、城市中心区高品质住区是他们住区的首选。

地理区位中地块所处的功能定位和在城市中的位置是关键的影响因素，主要反映在以下三方面：所处区位功能性质、历史用地性质（现状土地使用性质）、与城市中心距离。

住区地理区位调查主要运用文献调查法和实地观察法两种方法。通过文献调查法收集国土空间总体规划、道路交通专项规划、国民经济和社会发展规划等上位及相关规划资料，以及地方志、政府工作报告等其他相关文献资料，以了解住区与城市的关系、住区的历史用地性质。实地观察法主要用于实地感知住区与中心城区的距离和现状土地使用情况。

2. 交通区位

调查方法：文献调查法和实地观察法。

调查内容：周边道路情况（道路等级、断面形式等），周边交通情况（公交、地铁线路，车流量，车流防线等）。

交通区位调查通常指根据住区周边道路交通情况，对交通的可达性、周边道路出行状况的分析。通过文献调查法获取周边道路交通规划、周边道路交通出行等相关文献资料。通过实地观察法观察住区周边道路宽度、断面及通行状况。

3.2.1.2 自然环境

调查方法：文献调查法和实地观察法。

调查内容：周边山、水、林、田、湖等资源环境（包括自然环境和人工环境）。

住区外部环境是以自然为背景的人工环境，开发建设应尊重当地环境，与周围环境保持和谐。在适应不同的自然生态条件的过程中，住区在建筑风格、植物配置上有所不同，并最终影响住区外部环境。通过文献调查法获取住区周边气候、水利、地质等文献资料。通过实地观察法观察住区周边环境状况，包括周边绿化、水体、山林等自然景观环境，同时还包括道路绿化、景观视廊等人工环境（图 3.3）。

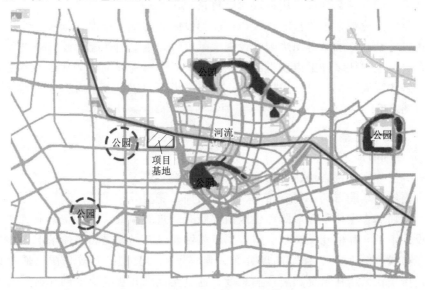

图 3.3 住区自然环境分析示意图

3.2.1.3 空间环境

调查方法：文献调查法和实地观察法。

调查内容：周边城市建设情况，包括用地性质、用地布局、建筑风貌、业态等。

住区周边空间环境观察主要指对住区周边城市建设情况的调查（图3.4）。通过文献调查法获得周边城市建设的相关规划及建设的设计图纸等文献资料；通过实地观察法感知住区周边用地性质、功能分布、建筑风貌和功能业态等的真实状态。

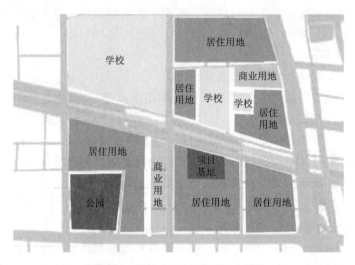

图3.4 住区空间环境分析示意图

3.2.1.4 设施环境

调查方法：文献调查法和实地观察法。

调查内容：周边配套设施类型和设施服务情况，主要包括教育设施、医疗卫生设施、商业设施的位置、规模（用地规模、建筑规模等）。

住区设施环境观察主要指对住区周边配套设施的类型、规模、分布、使用情况的调查。通过文献调查法获得周边配套设施文献资料，主要包括配套设施规划和现状基本统计资料，也包括多种渠道获得的商业设施情况的调查和统计文献资料；通过实地观察法了解住区周边配套设施用地规模、建筑规模、周边交通、周边景观和现状使用情况等（图3.5）。

3.2.2 内部环境观察

3.2.2.1 空间布局

调查方法：文献调查法、访问调查法和实地观察法。

调查内容：功能布局、高度布局、风貌布局、套型分布。

空间布局调查主要是针对既存住区内部既有建筑的调查。通过文献调查法获得相关规划设计图纸和其他相关文献资料，了解住区建筑布局情况和居住情况，包括住区内部功能布局（图3.6）、建筑高度分布、建筑风貌和套型分布等情况；通过访问调查法获得居民住区居住情况和居住满意度；通过实地观察法实地踏勘住区，真实感知住区内部功能布局、建筑高度分布、建筑风貌和套型分布等实际情况。

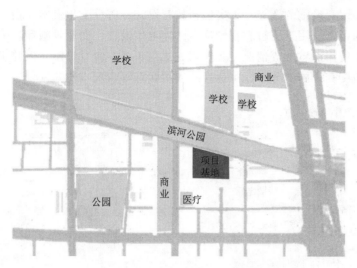

图 3.5 住区设施环境分析示意图

3.2.2.2 道路交通

调查方法：实地观察法。

调查内容：车行和人行组织、交通组织、道路宽度和等级、停车设施等。

道路交通观察主要针对住区内部的动态交通和静态交通情况。通过实地观察掌握住区内部车行和人行组织、车行出入口和人行出入口分布及交通等动态交通情况；同时实地踏勘测量住区内部道路断面、宽度及线型情况，观察住区内部停车状况，包括

图 3.6 住区空间布局分析示意图

机动车停车和非机动车停车、地面停车或地下停车等静态交通情况。

3.2.2.3 景观环境

调查方法：实地观察法。

调查内容：植物景观、水体景观、小品景观。

景观环境的调查和道路交通的调查类似，通过实地观察法观察景观环境的景观轴线、活动场地及水域分布等空间组织，统计景观小品的类型、数量、分布等情况（图3.7）。景观环境调查的同时，建议分析景观设计手法和植物配置情况，以及感知景观设计和景观层次所营造的空间感受。

3.2.2.4 配套设施

调查方法：访问调查法和实地观察法。

调查内容：教育设施，医疗卫生设施（社区卫生服务中心），商业设施（日常买菜、购物、休闲商业）及其他配套设施。

住区内部配套设施的调查，主要包括教育设施、医疗卫生设施和商业设施等设施的调查。访问调查法用于了解教育设施、医疗卫生设施、商业设施和其他配套设施的类型、规模和使用满意度等情况；实地调查法用于观察教育设施、医疗卫生设施、商业设施和其他配套设施的分布、可达性、使用状态等情况（图 3.8）。

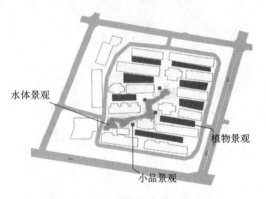

图 3.7 住区景观环境分析示意图

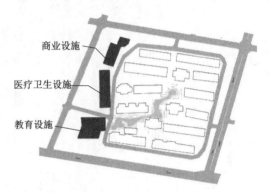

图 3.8 住区公共服务设施分析示意图

3.2.2.5 建筑单体

调查方法：文献调查法、访问调查法和实地观察法。

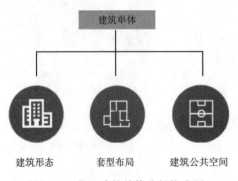

图 3.9 住区建筑单体分析构成图

调查内容：建筑形态、套型布局、建筑公共空间等。

住区建筑单体调查主要是对住区内部配套设施建筑以及住宅建筑的调查。文献调查法主要用于获取配套设施建筑和住宅建筑的图纸及其他文献资料，了解其建筑形态、套型布局及建筑公共空间（图 3.9）；访问调查法用于了解配套设施建筑和住宅建筑的经营和使用情况；通过实地观察法感知配套设施和住宅建筑的空间布局和空间感受。

3.3 住 区 市 场 调 研

3.3.1 人群特征调查

调查方法：问卷调查法、访问调查法。

调查内容：性别、年龄、学历、职业、家庭结构等。

人群特征调查有助于了解住区人群类型，分析他们的需求，以便针对性地进行住区空间设计。通过问卷调查法可以快速获取大量人群的标准化特征数据，人群特征调查主要通过问卷调查法设计关于人群基本特征的问题，包括性别、年龄、学历、职业和家庭结构等要素实现。访问调查法作为问卷调查法的有效补充，调查住区人群的深层次特征，比如个人爱好、经济条件等。

3.3.2 住房市场调查

调查方法：问卷调查法、访问调查法、实地观察法。

调查内容：土地成本、建安成本和住宅价格等住房供给要素，套型面积、套型布局、建筑风貌、交通、设施、景观等住房需求要素（图 3.10）。

图 3.10 住区住房市场调查示意图

住房市场调查有助于了解住区周边市场定位，通过问卷调查法能够获得以上要素的大量数据，但主要集中在容易标准化的问题方面，如套型面积等；但住房市场调查的要素很多，难以通过问题标准化来进行调查，需要利用访问调查法较为深入地了解深层次的要素，如套型布局、人群的个人偏好和住房市场需求等。

思 考 题

1. 住区 4 种观察方法的相互关系是什么？
2. 住区规划设计前期调研包含哪些内容？

资源 3.3
思考题答
案.pdf

第4章

住区行为空间感知

章 节 导 航			
分 节	核心问题	知识要点	毕业要求指标点
4.1.1 人群及生活特征分析	住区人群及其生活特征是什么？	目标人群	生活需求和模式在住区规划中起到的作用
4.1.2 居民行为活动特征研究	住区人群的行为活动特征是什么？	主要行为活动	
4.1.3 居民活动时间特征分析	住区人群行为活动的时间规律是什么？	行为活动时间特征	
4.1.4 不同年龄段行为特征分析	不同类型人群行为活动的特征有什么不同？	人群活动特征的差别	

资源 4.1
住区行为
分析 . mp4

资源 4.2
住区行为
分析 . ppt

　　人群行为与住区空间相互影响、相互作用。人群行为影响空间，同时空间对人群行为给予反馈，住区空间应该与人群行为高度契合。住区行为感知建立在前期住区观察的基础之上，是明晰住区定位和确定住区空间结构的重要依据。研究住区空间应该首先对住区人群行为感知进行研究，主要包括住区人群分析、生活特征分析以及居民行为特征研究等内容。

　　不同人群、不同行为活动、不同活动时间造成住区空间需求的差异。本章主要基于人群、人群行为与住区空间建立关联，以便明晰空间需求，从而建构基于人本、生活圈特征的住区空间设计方法。住区行为研究主要聚焦配套设施、公共空间的使用及住区中步行行为，机动交通出行行为、居室内部行为活动等不是生活圈体系下住区空间设计考虑的主要因素，在此一并略去。

4.1　住　区　行　为　感　知

　　在我国城镇化率达到 60％ 的背景下，国家提出"新型城镇化"发展战略，其核心是"以人为本"。"以人为本"作为设计理念得到业界广泛认可的同时，存在很多对"以人为本"的误解和不解。"以人为本"的核心是寻找发现人的需求，特别是行为需求，从而指导空间设计。此外，住宅的消费行为和方式发生了重要转变，传统大规模、标准化方式生产的住宅产品已经难以适应市场需求，未来最稀缺的是能够享受高品质公共服务、景观环境等公共产品的住区，消费产品正进入定制化时代。在"以人为本"与产品定制化影响下，分析住区人群及生活特征，并针对目标客群的需求及生活特点进行相应的规划与设计，是未来住区设计的趋势。同时，加上"互联网＋"的大时代背景、先进的科学技术手段以及网络技术的推广和普及，使得获取大众数据和样本成为可能，为基于人的需求的设计提供了强有力的技术支撑。

4.1.1 人群及生活特征分析

住区人群研究首先应论证住区目标人群和人群特征；人群特征通常通过年龄、性别、家庭收入、社会阶层、教育程度、居住时间、出行方式、职住关系、活动范围和邻里关系等要素进行解构。住区设计实践中较为常见的是通过年龄、家庭收入、入住方式、家庭结构等要素将住区人群细分，进行定制化住区设计，如青年公寓、老年住宅、酒店式公寓、"三代居"和"学区房"。

人群不同，相应的生活习惯和行为特征也有较大不同，同时其活动的空间分布也存在差异。住区人群的活动类型划分为在家、上班、业务、购买日用品、买菜、文体娱乐、探亲访友、接送小孩等。一般来说，高、低收入人群具有较为明显的时空集聚性，比如广州的高收入人群主要集中分布在广州中轴线附近的商务办公区、高等文教区和商品房居住区周边，低收入人群主要集中在老城区和城市过渡区的保障性住区和工厂生活区。

生活习惯、行为特征和活动范围不同，设施（包括配套设施、公共交通设施等）需求不同。以杭州城西片区为例，对城市封闭住区环境和居民满意度特征的研究结果表明，"年龄"要素对住区内部生活服务配套要求较高，如老年社区对医疗卫生设施的要求较高；"入住方式"要素对住区外部公共场所、公共交通、内部生活服务配套等设施要求较高，如租住者对住区外部公共空间、公共交通要求相对较高，而自住者则对教育设施、医疗服务设施等要求较高；"教育程度"这一要素则对教育设施、医疗设施和商业设施要求较高。

4.1.2 居民行为活动特征研究

确定服务人群后，设计中常会出现"两层皮"问题，具体指定位与设计脱节。造成这一问题的原因是缺乏对定位进行深层解析，使具体设计乃至分析表达缺乏针对性，从而反过来影响方案定位的准确性与可行性。因此，明晰住区定位后应重点解析人的生活需求及其相应的行为特征，并以此作为进一步设计的依据，具体可概括为4个方面：①活动需求，不同年龄、不同收入和不同学历等条件的人，对住区内的活动会有不同的需求（表4.1）；②设施需求，不同人群都有其相应的行为活动，从而需要提供不同的设施；③景观需求，由于生活及活动特征的不同，不同人群对景观的需求也不尽相同；④交通需求，对不同交通方式的喜好和依赖也会导致住区交通体系的不同。这4个方面的需求不是独立存在的，而是互为依据、互相协调，是良好的居住环境的重要支撑。

资源4.3
老有所"椅"
——单位制
小区自发性
座椅诱发的
老年人公共
空间关联性
分析调查
.pdf

规划设计者对日常活动的研究，除了要关注行为本身，如在一定的时空框架内，人们对活动持续时间和出行时间的调配和利用、家庭成员间时间分配的差异和转变、多目的出行和出行链、出行行为模拟以及现实和虚拟空间活动的分析等，还应关注活动背后隐含的空间语境以及效应，如时空行为对健康的影响、日常活动的空间模式、

表 4.1　　　　　　　　　　　　　　不同年龄群体的住区活动特征

人　群	住区活动时间	主 要 住 区 活 动		住区参与度
		类别	具 体 活 动	
0～3 岁婴幼儿	全天	健身休闲类 早教服务类	使用公共绿地、儿童乐园、早教机构等	多
4～19 岁儿童和青少年	全天	教育培训类 健身休闲类	上学，去培训机构，使用公共绿地、儿童乐园等	中
20～59 岁中青年	下班后和周末	家庭服务类	接送儿童上下学，去菜市场买菜，超市购物等	少
60～69 岁老年人	全天	家庭服务类 健身休闲类	送儿童上下学，去菜市场买菜，使用文化活动中心、公共绿地等	多
70 岁以上老年人	全天	养老照料类 医疗保健类	使用老年活动室、社区卫生服务中心等	中

基于时空行为的规划应用等。从研究对象的主体看，如何从行为和活动本身回归城市空间结构的传统话题，即从考察物质空间要素的机会和约束，研究活动特征，到探析活动所反映的空间和潜在的空间需求，将有助于促进本领域研究在城市规划等实践领域的应用。

4.1.3　居民活动时间特征分析

据调查，从时间规律上来说，每天 8：00—10：00 和 17：00—18：00 属于居民户外活动的"密集活动时间段"，是各年龄段居民活动的高峰期。一般来说，每类居民都有其共同的活动时间，不同类型居民的密集活动时间有时相同，有时不同（图 4.1）。这就是"密集活动时间段"的一个特点，同一密集活动中，不见得只有一类居民。一天当中，5：00—8：00 的活动以锻炼、活动身体为主；8：00—12：00 以老年人闲坐、聊天和母亲陪婴儿的活动为主；14：00—18：00 的活动与上午相近；16：00后，放学后的小学及幼儿园儿童会突然增多；18：00 以后，散步及夏日晚上乘凉的活动较多。

图 4.1　居民活动时间特征分析图

4.1.4　不同年龄段行为特征分析

通过工作日和周末的出行轨迹调查，发现居民对所在住区活动的参与程度，呈现出儿童、老年人参与度较高，中青年上班族参与较少的现象。

（1）儿童和老年人住区活动参与度较高，是住区设施和公共空间的主要使用者。无论是工作日还是周末，老年人和儿童的日常活动都在住区内部高度集中。60～69岁老年人日常活动以家庭服务和健身休闲类活动为主，如接送儿童上下学，去菜市场买菜以及使用住区文化活动中心等；老年人年龄增加到70岁以上，由于身体健康限制，住区活动逐步减少，以养老照料、医疗保健类活动为主，如使用老年活动室、住区卫生服务中心等。0～3岁儿童日常活动以休闲游憩、早教服务类活动为主，如使用公共绿地、儿童乐园、早教机构等；儿童年龄增加到4岁以上，主要活动则以教育培训类为主。

（2）中青年上班族住区活动参与度较低，普遍缺少以住区为联系的社交生活。中青年工作日出行轨迹简单规律，主要为家庭和工作两点一线，除了一些日常必要行为如上下班途中接送儿童、去菜市场买菜或超市购物等，使用配套设施和公共空间的时间少，交往互动的机会也相应较少。同时，中青年在周末并没有因为个人时间的增加更多地参与住区活动，反而更倾向于住区以外的远距离出行。调查发现，有72%的上班族在周末选择使用区级的大型购物中心或大型文体休闲类公共设施，反映出目前住区在购物、休闲以及娱乐方面的吸引力和活力还不足，无法吸引中青年主动参与到住区活动中。

4.2 住区空间感知

4.2.1 公共服务设施和公共空间使用特征

配套设施和公共空间是提升居民住区生活质量的关键。调查发现，不同年龄群体在设施使用时间、使用类型等方面的需求均存在差异（图4.2），具体表现如下：

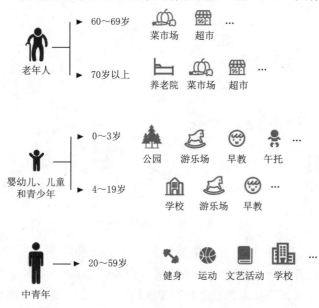

图4.2 公共服务设施使用特征分析

（1）老年人、儿童等弱势群体对基础保障型服务需求度较高，使用时间集中在日间。老年人和儿童对基础保障型设施如菜市场、超市、养老照料类设施等的需求度明显高于中青年。其中，60～69 岁老年人现状使用频率较高的设施为菜市场、超市等购物类设施，以及公园、社区文化等休闲类设施；70 岁以上的老年人除较多使用菜市场、超市等购物类设施以外，对养老照料类设施的使用频率也大幅增长。0～3 岁婴幼儿现状使用频率较高的设施为公园、住区集中绿地（包括儿童游乐场）等公共空间；早教、幼托类设施尽管需求较大，但使用频率较低。

（2）中青年对新兴提升型服务的需求度较高，使用时间多为下班后和周末。随着住区生活质量的提高，居民对自身素质的提升型需求正随之加大。调查发现，受互联网发展影响，中青年群体去便利店、超市等基础保障型设施的次数少了，越发关注闲暇时间的生活质量，对休闲、运动等提升型服务设施的需求日趋增加。

4.2.2　步行行为特征

调查发现，尽管受访居民步行意愿较高，但实际生活中步行出行比例则较低。大多数居民均认同步行的重要性，计划将步行作为首要出行方式，包括通勤步行出行（步行和换乘公共交通上下班或上下学）、生活步行出行（如步行购物和社区活动等）；同时约 40％的居民对健身锻炼、散步遛狗等休闲步行也提出了较高诉求。但从实际情况来看，受访居民的平均步行出行比例较低，仅为需求比例的一半。阻碍居民步行出行的原因集中为目的地距离太远、步行绕路不方便以及步行环境安全性和舒适性较差等。值得关注的是，不同年龄群体的步行出行需求显著不同（图 4.3），具体表现如下：

图 4.3　步行行为特征分析

（1）70 岁以上老年人和 3 岁以下婴幼儿对家与目的地的步行可达性要求较高，步行距离和时间是首要考虑因素。受步行能力限制，70 岁以上老年人和 3 岁以下婴幼儿一日中大部分出行为从家到目的地的单次出行，步行时间宜控制在 10min 以内。

据统计，在 70 岁以上老年人和 3 岁以下婴幼儿使用频率较高的设施中，菜市场、中小型商店、公园、儿童游乐场以及养老照料类设施是大部分居民认为需要 5min 步行范围内可达的设施（5min 步行可达需求比例超过 50％）。

（2）60～69 岁老年人、4～19 岁儿童和青少年不仅对家与目的地的步行可达性要求较高，同时也关注目的地之间的步行便捷联系。随着步行能力的提升，此类人群不局限于从家到目的地的单次出行，而是在一次出行中串联多个目的地。以 60～69 岁老年人为例，他们的步行出行以去菜市场买菜为核心展开，大部分老年人通常送孩子上学后会直接去买菜，或去公园绿地锻炼、使用文化设施后去菜市场买菜，然后回家。60～69 岁老年人现状一日平均总步行时间最长（约 46min），且单次步行时间也最长（约 40min，包括从家到目的地和多个目的地之间的步行耗时总和），未来除期望提高家与目的地之间的可达性以外，同时也关注目的地之间的步行便捷性。据统计，60～69 岁老年人日常步行目的地出现频率最高的为菜市场，通过将设施与设施之间的步行需求次数叠加发现，菜市场与学校的步行关联度最强，其次是与各类体育文化设施和公共空间的关联。

（3）20～59 岁中青年对步行趣味性和愉悦度要求较高，期望步行兼顾逛街购物、休闲健身等功能。尽管目前现状是中青年的步行出行以上班通勤为主，但从未来需求来看，中青年提出傍晚散步遛狗、健身锻炼等休闲步行的诉求，期望沿街生活功能丰富，步行环境与景观相结合，更加强调步行的趣味性和愉悦度。同时，中青年在周末的步行需求也表现出对目的地之间的步行便捷关联要求。据统计，上班族的高关联度设施群集中为购物、体育文化设施和公共空间。

思政小课堂：美好生活

1981 年，党的十一届六中全会对我国社会主要矛盾的表述是"人民日益增长的物质文化需要同落后的社会生产之间的矛盾。"2012 年 11 月 15 日，习近平总书记提出，人民对美好生活的向往，就是我们的奋斗目标！党的十九大报告中习近平总书记又在 14 处提到"美好生活"，指出我国社会的主要矛盾是"人民日益增长的美好生活需要和不平衡不充分的发展之间的矛盾"，明确规定全党同志一定要永远把人民对美好生活的向往作为奋斗目标！

新时代人民群众的需要已经从"物质文化需要"发展到"美好生活需要"，从曾经"落后的社会生产"发展到"不平衡不充分的发展"。住区感知也要从感知"物质文化需求"向感知"美好生活需求"转变。

思 考 题

1. 住区规划设计人群行为与住区空间的关系是什么？

资源 4.4
思考题答
案 . pdf

第 5 章

住区定位

章 节 导 航			
分 节	核心问题	知识要点	毕业要求指标点
5.1 空间风貌体系下的住区定位	住区区位、住区规模、建筑高度及其他是递进关系	住区的一般定位方法	结合调查进行分析，明确住区规划设计目标
5.2 生活圈体系下的住区定位	生活范围引导下的人群特征、居住品质	住区的深层次认知定位	

资源 5.1
住区定位
.mp4

资源 5.2
住区定位
.ppt

住区定位是住区观察后对规划地块的综合研判。住区定位是住区设计的根本，缺乏定位，设计过程中会丧失设计方向，无法明晰设计策略。由于住区定位是对客观要素的主观分析结果，没有明确的评价指标，因此，对于住区定位，本教材不致力于列举所有可能，而是基于风貌类型和生活范围提出典型的住区定位类型，阐述基于外在的空间风貌体系的住区定位和基于内在的生活圈体系的住区定位。

（1）空间风貌体系下的住区定位。空间风貌体系下的住区定位是基本的定位方法，也是容易采用的定位方法。该定位方法主要考虑住区区位、住区规模、建筑高度、地形地貌等划分定位的要素，但这些要素存在一定交叉，特别是住区区位、住区规模、建筑高度关联度较高。此外，从单一要素出发进行定位容易导致定位偏差，综合分析各要素进行住区定位相对客观、准确。

（2）生活圈体系下的住区定位。生活圈体系下的住区定位以生活圈为中心进行定位，主要考虑生活范围、人群特征、居住品质等要素，相比空间风貌体系下的住区定位，更容易定位到居住人群的需求上，但该种类型的住区定位具有一定难度。

5.1 空间风貌体系下的住区定位

住区空间风貌体系是住区传统定位的依据，具体又可分为基于住区区位、住区规模、建筑高度、地形风貌等不同角度的定位。

5.1.1 基于住区区位的住区定位

基于住区区位，结合城市空间划分标准，可将住区分为城市型、郊区型，老城区型和新城区型，或环内住区和环外住区等。当然，每种类型的住区定位背后隐藏的是需求差异，主要是经济差异、年龄差异、职业差异对住区区位需求的差异。

经济收入水平较高的住区人群，往往会选择市区配套设施较好的城市型住区或者城郊环境较好的郊区型住区；经济收入相对较低的住区人群，通常会选择住区价格的"洼地"区域，往往位于城市公共交通可延伸到的城市边缘地带的环外住区，亦或配套设施相对匮乏的新城地区的住区等。

年龄相对较大或离退休人群，通常选择医疗服务设施、景观环境较好的城区或郊区住区；中年人群需要良好的配套设施，特别是满足子女教育的教育设施，同样关注住区环境品质，通常会选择城区中具有竞争力的住区，如中央商务区周边的住区、优质教育资源周边的住区等；青年人群为了便利的都市生活，通常会选择具有竞争力城市区域的小户型或者公寓，或者为了生活的舒适度，选择郊区住区。

不同职业同样会产生不同的居住区域选择。基于居住地与就业地之间职住平衡，许多办公园区、企业基地或产业园区周边产生了满足该区域就业者的住区；基于心理空间依赖关系，人们通常会因为对工作地周边城市环境较为熟悉或由于血缘、业缘等关系选择住区，例如高教园区、铁路社区等。

5.1.2 基于住区规模的住区定位

基于住区规模的定位主要根据用地规模进行定位划分，根据相对原则，通常将住区划分为大型、中型、小型三种类型。大型住区用地规模为 $50 \sim 100 hm^2$，是城市主干道围合的用地范围，主要分布在城市建成区边缘、卫星城或者独立的城市组团，单独配有完善的配套设施，以满足该规模住区内居住人群对配套设施的需求。中型住区用地规模多为 $10 \sim 35 hm^2$，是城市住区中所占比重最大的住区，多由 $2 \sim 3$ 个街区组合而成，城市中心区以 $10 \sim 20 hm^2$ 居多，中心区以外以 $20 \sim 35 hm^2$ 为主（图 5.1）。小型住区规模通常为 $4 \sim 6 hm^2$，是城市街坊的规模尺度。随着开放街区概念的提出，"小街区""密路网"相关政策的出现，城市由增量空间向存量空间发展的转变，未来小型住区的数量和类型将会越来越多。

5.1.3 基于建筑高度的住区定位

建筑高度是住区空间风貌体系中更为明显的表征，也是城市住区分类的重要标准之一。根据《城市居住区规划设计规范（2002 年版）》（GB 50180—1993）、《住宅建筑设计规范》（GB 50096—2011）等规范的要求，住宅建筑分为高层、多层、低层。随着社会经济的不断发展，住区建筑高度逐渐从以低层、多层住宅建筑为主，转变为以高层住宅建筑为主；随着人群需求的多元化，住区开发设计条件日益复杂化，出现了高层住宅与低层住宅、多层住宅混合的住区（图 5.2），此种类型住区被定位为高低配住区。

5.1.4 其他类型

空间风貌体系下住区的类型多种多样，除以上常见类型外，还可以基于地形地貌、功能混合、社会容纳度、建设方式、建筑密度等要素进行分类。

基于地形地貌要素，住区可分为平原型住区、山地型住区和滨水型住区。平原型住区交通组织比较流畅快捷，地形制约少；山地型住区虽受地形条件制约大，但住区空间体验丰富，强调尊重山形地势，因势利导；滨水型住区景观环境好，具有较好的

资源 5.3
滨水型住
区实践
.mp4

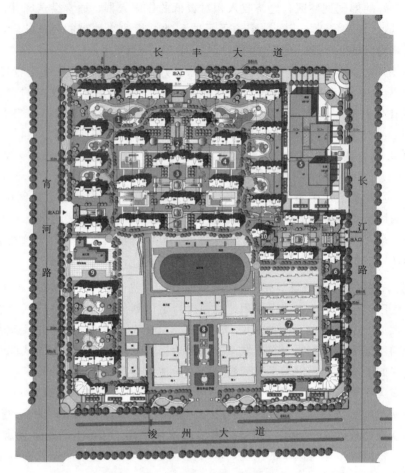

图 5.1　中型住区——科达清华园住区

（a）示例（一）

（b）示例（二）

图 5.2　高层低层混合住区（图片来源：实践项目）

亲水性，规划设计的重点为充分考虑滨水景观的利用。

　　基于功能混合要素，住区可分为纯化型住区和复合型住区。纯化型住区是居住功能在用地面积和建筑面积占有绝对优势的住区，复合型住区则是除居住功能以外还包含有较多的其他城市功能的住区。

基于社会容纳度要素，住区可分为封闭型住区和开放型住区。封闭型住区强调住区与城市环境的分离，营造相对封闭、安全和设施独享的住区，这种住区某种程度上强调了社会阶层的隔离；开放型住区强调住区与外界环境的交流，营造开放、共享的设施和景观环境，某种程度上体现了社会阶层的融合。

5.2 生活圈体系下的住区定位

空间风貌体系下的住区定位主要基于住区的外在特征进行定位，生活圈体系下的住区定位主要依据住区人群、人群行为和生活习惯等人本特征，体现了对居住的深层次理解和思考，与空间风貌体系下的定位相比更为准确，更能体现住区差异的本质。生活圈体系下的住区定位，具体又可分为基于生活范围、人群特征、居住品质、配套设施等内容的定位。

5.2.1 基于生活范围的住区定位

基于生活范围的住区定位研究人群在不同生活范围内行为活动特征和生活需求，从而设计切合、适宜的生活空间和相应的配套设施等。

《上海市 15 分钟社区生活圈规划导则（试行）》中指出：15 分钟社区生活圈是上海打造社区生活的基本单元，即在 15 分钟步行可达范围内，配备生活所需的基本服务功能与公共活动空间，形成安全、友好、舒适的社会基本生活平台。

根据《城市居住区规划设计标准》（GB 50180—2018），基于生活范围，住区可以定位为 15 分钟生活圈住区、10 分钟生活圈住区、5 分钟生活圈住区（图 5.3）。15 分钟生活圈住区是以居民步行 15min 可满足其物质与生活文化需求为原则划分的住区范围；一般由城市干路或用地边界线所围合，居住人口规模为 50000～100000 人（17000～32000 套住宅），配套设施完善。10 分钟生活圈住区是以居民步行 10min 可

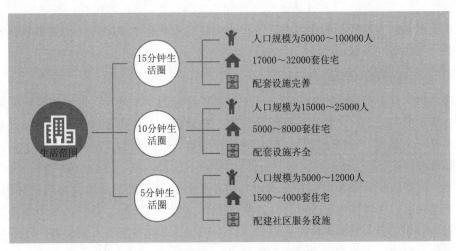

图 5.3 基于生活范围的住区分析

满足其基本物质与生活文化需求为原则划分的居住区范围；一般由城市干路、支路或用地边界线所围合，居住人口规模为 15000～25000 人（5000～8000 套住宅），配套设施齐全。5 分钟生活圈住区是以居民步行 5min 可满足其基本生活需求为原则划分的居住区范围；一般由支路及以上级城市道路或用地边界线所围合，居住人口规模为 5000～12000 人（1500～4000 套住宅），配建社区服务设施。《城市居住区规划设计标准》（GB 50180—2018）还规定了更小居住范围内的居住单元居住街坊，居住街坊是由支路等城市道路或用地边界线围合的住宅用地，是住宅建筑组合形成的基本居住单元；居住人口规模为 1000～3000 人（300～1000 套住宅，用地面积 2～4hm²），并配建有便民服务设施。

5.2.2　基于人群特征的住区定位

相同年龄阶段、相同性别、相同职业的人群生活需求、生活行为上存在相似性，如老年社区、青年社区、女性社区、铁路社区等。因此，基于人群特征的住区定位主要基于年龄、性别、职业和家庭结构等要素进行分类。

基于年龄要素，住区可分为老年住区和青年住区。老年住区强调"适老化"的系统设计，包含基于良好自然生态环境的住区位置选择、基于康养融合的医疗卫生设施配置，以及基于老年人生活习惯和身体情况的住区外部空间设计和户型设计。青年住区在大中型城市中较为常见，此类住区规模、户型偏小，但是配套设施较为齐全，公共交通条件较好。

基于性别要素，住区可分为女性住区和男性住区。互联网技术和大数据的支持，使得同一性别人群在同一空间中聚集成为可能，如女性社区，基于女性的特点，提供更加契合的住区外部空间环境、配套设施和住区户型产品。

基于职业要素，住区则主要是企事业单位为员工统一建设或统一组织购买的单位住区，即基于业缘形成的居住空间聚集现象。大学城周边地区易于形成高教园区，行政办公聚集的地方易于形成公务员小区，城市近郊产业园区易于形成基于某种产业类型的住区。

除上述不同人群特征的住区外，城市当中还会出现同类型家庭结构聚集居住的住区，如"三代居"住区。

5.2.3　基于居住品质的住区定位

随着我国社会经济的不断发展，居住产品供给量的不断增大，在基本居住需求得到较好满足的基础上，人们对住区配套设施、交通设施、景观设施等其他附加产品的需求差异不断突显，逐渐成为住区特色的主导因素，对居住品质的提高起到了较好的促进和改善作用。

基于配套设施、景观设施和交通设施的差异，容易形成不同生活品质的住区点，如刚需型社区、刚需偏改善型社区、改善型社区（图 5.4）等。当然，基于生活圈体系，人群居住的多元性和多样性必然存在，不同生活品质要求的人们会有一定程度的融合居住，形成"大集中、小分散"的特点。

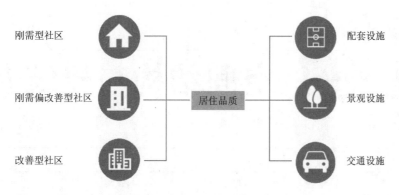

图 5.4　基于居住品质的住区分析

思政小课堂：从健康住区到健康中国

习近平总书记强调，把人民健康放在优先发展战略地位，努力全方位全周期保障人民健康，没有全民健康，就没有全面小康。2016 年以来，国家层面发布了多项加快推进健康中国建设的政策，建设健康环境被多次提到。《"健康中国 2030"规划纲要》部署了健康中国建设的总体战略，要求以普及健康生活、优化健康服务、完善健康保障、建设健康环境、发展健康产业为重点，推进健康中国建设。《健康中国行动（2019—2030 年）》要求建设健康的家居环境、工作场所、社区环境，为人民群众健康提供重要保障。住区是城市的基本单元，健康的住区环境是我国"健康中国"建设的重要组成部分。

思　考　题

1.《城市居住区规划设计标准》（GB 50180—2018）相比《城市居住区规划设计规范（2002 年版）》（GB 50180—1993）在住区高度控制上发生的转变是什么？

资源 5.4
思考题答
案.pdf

第6章

空间结构与建筑布局

章 节 导 航			
分 节	核心问题	知识要点	毕业要求指标点
6.1 住区空间结构及影响要素分析	住区简单的空间结构是诸多因素综合影响的结果	空间结构的影响因素	规划结构展现设计理念,建筑布局落实规划结构
6.2 生活圈体系下的住区空间结构	生活范围引导下的住区内外影响要素不同	住区空间结构类型	
6.3 住区建筑布局	住区空间结构是影响住宅建筑布局的基础,而人群、品质、设施差异是影响住宅建筑布局的本质	建筑布局基本形式	

资源 6.1
住区规划
的结构与
布局.mp4

　　空间结构是住区规划设计的核心,是根据居住功能要求综合解决建筑、设施、道路和外部空间等相互关系而采用的组织形式。由于居住功能要求日益多元,住区空间结构逐渐丰富,生活圈体系下,住区空间结构开放性的提高会促进空间结构类型的变化。基于归纳分析方法,可以总结出不同空间结构的相似特征,进行基本类型划分,15 分钟、10 分钟、5 分钟三种不同生活圈范围的住区空间结构会存在相对明确的类型差异。

　　建筑布局是对空间结构的落实,是体现住区空间差异的主要载体。住区建筑布局在受空间结构影响的同时,会受到审美、技术规范、用地经济等因素影响。其中技术规范主要受日照、通风、消防等要素的影响,会导致住区建筑布局存在一定程度的相似性。

6.1　住区空间结构及影响要素分析

6.1.1　住区空间结构概念

　　住区是一个开放、复杂的系统,主要由建筑、配套设施、道路、外部空间 4 个要素构成。各要素之间存在的相互关系,称为住区空间结构,是根据居住功能的要求综合解决建筑、配套设施、道路和外部空间等相互关系而采用的组织形式。各要素之间存在相互重叠交叉的复杂关系。

6.1.2　住区空间结构影响要素

　　住区空间结构影响要素可以分为内部因素和外部因素。内部因素主要是住区功能要求下居民的生活需求，即居民在住区内活动规律和特点，是影响居住区空间结构的决定因素；住区内部配套设施、空间景观的布置方式和道路交通的组织方式，是影响住区空间结构的直观表象因素；此外，住区行政管理体制、规模、用地形态、地形地貌等也会对住区空间结构产生一定影响。

资源 6.2
住区结构影
响因素 .ppt

外部因素主要为自然环境、交通通达、市政基础设施、社会停车、城市服务等。外部因素存在正、负两方面影响。其中，市政基础设施主要表现为负影响，特别是供电设施、环卫设施；交通通达既存在正影响又存在负影响，当交通通达为地铁、公交时为正影响，当交通通达为快速路、高速时为负影响。

6.1.3　生活圈住区空间结构

生活圈更加关注住区内居民的活动规律和特点，即关注空间结构的决定因素。因此，相比传统组织 4 个物质要素、注重外在表现的住区空间结构，生活圈空间结构重点是解决居住、工作、学习、购物、游憩等不同生活内容之间的有机联系，侧重以生活为主线的内在关联。

传统住区空间结构包含"硬结构"和"软结构"两部分，"硬结构"主要以内部道路交通为载体，衔接各物质要素；"软结构"主要以外部空间为载体，通过空间的内在关联衔接住区日常生活。"硬结构"和"软结构"两个系统，相互交叉、相互缠绕，共同形成了完整的住区"空间结构"（图 6.1）。

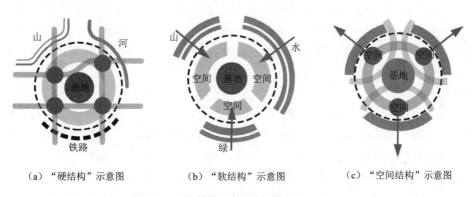

（a）"硬结构"示意图　　　（b）"软结构"示意图　　　（c）"空间结构"示意图

图 6.1　"软结构""硬结构"叠加示意图

6.2　生活圈体系下的住区空间结构

6.2.1　15 分钟生活圈住区空间结构影响要素分析及基本形式

15 分钟生活圈住区空间，即在 15min 步行可达范围内，配备生活所需的基本服务功能与公共活动空间，形成安全、友好、舒适的社会交往平台。15 分钟生活圈由 5 分钟生活圈、10 分钟生活圈逐级构成一个整体的空间结构。

资源 6.3
住区结构基
本类型 .ppt

1. 影响要素分析

15 分钟生活圈一般位于城市近郊，被快速路或城市交通干道所包围，空间结构影响要素为主要内部因素，体现在中学、医院、大中型商业设施等配套设施等因素上。

（1）中学。按照教育设施规划布局技术要求，中学服务半径为 1km，为步行 15min 左右可达范围。因此，中学成为 15 分钟生活圈居民生活的主要需求，成为大多数家庭购房首选项，对住区空间结构影响较为明显，主要体现在两个方面：①住区向心式发展，因中学资源吸引，围绕中学容易形成独立的教育和配套设施组团，中心组团的低容积率与四周住宅的高容积率形成鲜明对比，空间结构呈现向心式发展；②类圈层空间，学校周边用地价值由外向内呈现类圈层极差，住宅建筑密集程度由外向内也呈现逐步增加的趋势，致使空间结构呈现类圈层空间。

（2）医院。随着经济社会快速发展，城市人群生活、工作节奏加快，亚健康问题不断涌现，医疗卫生设施成为现代人群关注的设施、购房考虑的重要因素之一。心理因素作用下，居民希望住区周边医疗设施相对便利，同时保持一定距离。因此，医院对 15 分钟生活圈住区的空间结构会产生影响，通常表现为以独立的板块位于 15 分钟生活圈住区周边。

（3）大型商业。商业空间可为住区空间增添活力，促进空间的聚合效应、生活圈经济发展。为满足 50000～100000 人的生活需求，15 分钟生活圈住区需要配备大型商业综合体，或一定规模的商业街区。这些商业空间的形式和布局，直接影响生活圈居住人群的行为活动，即直接影响住区空间结构。

（4）城市公共绿地。城市设计中"300m 见绿，500m 见园"的公共绿地规划理念，使城市内的公共绿地存在相互组织关系。15 分钟生活圈住区内存在城市或片区层面的公共绿地，它们之间的组织关系，以及它们与圈外公共绿地的组织关系，会影响生活圈空间结构。

2. 基本形式

15 分钟生活圈住区空间结构受教育空间、商业空间、医疗卫生空间及公共绿地空间等要素影响较大，其中大型商业综合体、中学、城市公共绿地等一般相对集中布置，以形成住区中心或者形成住区空间轴线上的重要节点；而医院由于自身功能技术要求，宜布置在安静和交通方便的地段，以便平衡其对住区的正负影响，其空间主要独立片块式为主。一般而言，15 分钟生活圈住区空间结构主要表现为中心式、轴线式、片块式、隐喻式等布局形式。

（1）中心式。将居住空间围绕中学、商业综合体、公园绿地等进行组合排列，表现出强烈的向心性，并以自然顺畅的环状路网造就了向心的空间布局。根据居民配套设施和公园绿地的使用频率、步行可达需求，以及配套设施和公园绿地的服务人口和半径等情况进行布局，例如品质较高的住宅往往会临中学、公园绿地等中心布局，青年公寓往往会在医疗服务设施、商业设施等对居住品质有一定影响的设施周边布局。15 分钟生活圈住区布局一般为多个向心式空间布局，既可以用同样的住宅组合方式形成统一格局，也可以允许不同的组织形态控制各部分，强化可识别性（图 6.2）。

科达清华园是科达新城房地产开发有限公司在浚县打造的大型城中村改造项目，位于河南省鹤壁市浚县长丰大道与长江路交汇处。住区由 18 层高层住宅、11 层小高层住宅及两层的配套商业组成。社区周边有小学、初中、高中、综合商业和便民服务

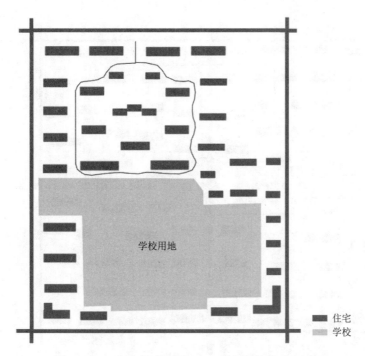

图 6.2　15 分钟生活圈住区中心式空间结构示意图

等。该项目住区空间结构受到学校布局的影响，形成中心式空间布局形式。

（2）轴线式。空间轴线常为线性的道路、绿地、水体等，具有强烈的聚集性和导向性。而 15 分钟生活圈住区轴线式空间结构主要通过具有较强集聚功能的公共空间引导，如通过商业步行街、景观廊道上的主、次节点控制节奏和尺度，使整个住区空间呈现出层次递进、起落有致的均衡特色（图 6.3）。

轴线式布局应注意空间的长短、宽窄、收放、急缓等对比，仔细刻画空间节点。当轴线长度过长时，可以通过转折、曲化等设计手法，并结合建筑物及环境小品、绿化树种的处理，减少单调感。

（3）片块式。15 分钟生活圈内教育设施、医疗服务设施、文化娱乐设施及其他配套设施和公共空间可以分布在不同街坊，在其作用下引导住区表现出片块式空间结构（图 6.4）。片块式布局应控制相同组合方式的住宅数量及空间位置，尽量采取按区域变化的方法，强调可识别性。

（4）隐喻式。将某种事物作为原型，经过概括、提炼，抽象成建筑与环境的形态语言，使人产生视觉和心理上的某种联想和领悟，从而增强环境的感染力，构成"意在象外"的升华境界。隐喻式布局注重对形态的概括，讲求形态的简洁、明了、易懂，同时要紧密联系相关理论，做到形、神、意融合（图 6.5）。

6.2.2　10 分钟生活圈住区空间结构影响要素分析及基本形式

10 分钟生活圈住区，即在 10min 步行可达范围内，配备生活所需的基本服务功能与公共活动空间，形成安全、友好、舒适的社会基本生活平台。由 5 分钟生活圈延

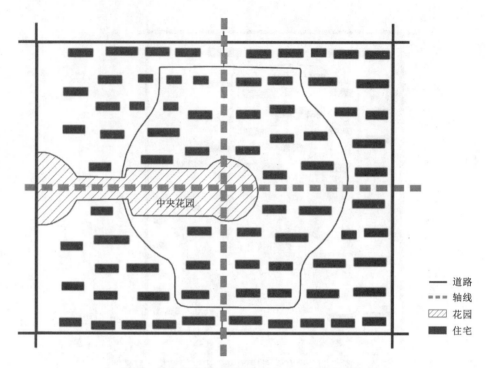

图 6.3　15 分钟生活圈住区轴线式空间结构示意图

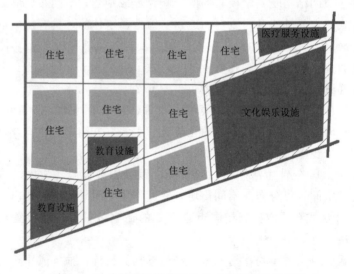

图 6.4　15 分钟生活圈住区片块式空间结构示意图

展形成 10 分钟生活圈空间结构。

1. 影响要素分析

10 分钟生活圈用地规模相比 15 分钟生活圈开始缩小，一般被城市交通干道所包围，空间结构既受内部因素影响，又受外部因素干扰。内部因素主要为小学，中型商业，住区外部空间，满足老年人、儿童高频使用的配套设施等，外部因素主要为地

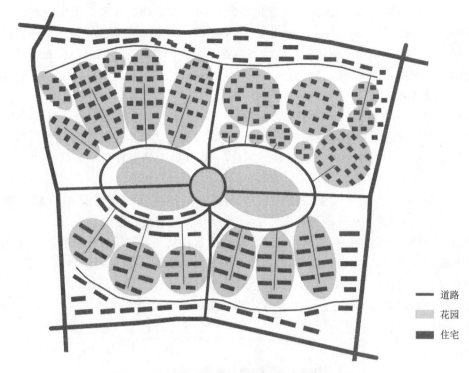

图 6.5　15 分钟生活圈住区隐喻式空间结构示意图

图例：
道路
花园
住宅

铁、公交等公共交通设施。

（1）小学。小学是住区中的义务教育设施，其服务半径为 10 分钟生活圈住区空间结构的主要因素。房地产市场也据此衍生出各种依附小学的"学区房"住区，从通勤距离出发，以小学为中心，住区空间与教育空间紧密相连。

（2）中型商业。中型商业指以住区范围内的居民为服务对象，以满足日常生活为服务内容，以便民、利民为服务目标，以满足和促进居民综合消费为导向的属地型商业。中型商业在 10 分钟生活圈住区空间中具有稳定的市场基础，并随着居民收入水平的提高在不断提升，为营造充满生机、活力，高品质的生活圈住区空间提供保障。因此，中型商业的位置及周边空间设计对住区整体空间和未来运行有重要的作用。

（3）公共空间。公共空间是提高住区活力和居民生活情趣的重要空间，从 15 分钟生活圈到 10 分钟生活圈，居民对公共空间的需求逐步提高。因此，公共空间整体布局会影响 10 分钟生活圈的空间结构。由于不同类型的行为活动聚集人群数量不同，外部公共空间存在规模等级差异；不同年龄段、不同爱好的人群外部行为活动不同，外部公共空间存在类型差异。公共空间应该根据等级、类型进行差异化布局，为丰富住区空间结构提供可能性。

（4）地铁。随着城市通勤交通距离增大，地铁交通成为购房的重要条件之一。城市中心区地铁站点之间的距离一般为 1km 左右，城市近郊一般在 2km 以上，即地铁的服务半径为 500～1000m；居民希望从家到地铁站点的步行距离尽可能短，建立内部道路交通与地铁站的紧密联系成为 10 分钟生活圈的关注重点之一。综合上述两个原因，地铁成为影响 10 分钟生活圈住区空间结构的有力外部因素。未来随着以公共交通为向导的开发（transit-oriented development，TOD）的深入，地铁出入口由近及远层级化的功能布局，例如依次为零售商业、商务、居住等，会进一步加强对住区空间结构的影响。

2. 基本形式

10 分钟生活圈住区外部影响因素除地铁外，小学、中型商业、公共空间等在 10 分钟生活圈住区的规划布局既要便于居民使用，又要考虑资源的集约与高效，布局会从服务半径出发，位于住区核心区域。因此，10 分钟生活圈住区空间结构主要包括中心式、轴线式及围合式。

（1）中心式。10 分钟生活圈住区中心式布局通常选择有特征的自然地理地貌（水体、山脉）、人工景观为构图中心，同时结合布置居民物质与文化生活所需的配套设施、公共空间，形成住区中心。各居住分区围绕中心既可以用同样的住宅组合方式形成统一格局，也可通过不同的组织形态控制各分区，强化可识别性（图 6.6）。这种布局方式是住区布局的典型方式，但随着住区设施、空间布局由内向型向外向型转化，这种布局会逐步趋于开放，呈现出与城市相融合的趋势。

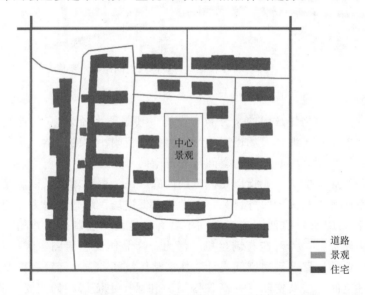

图 6.6　10 分钟生活圈住区中心式空间结构示意图

（2）轴线式。空间轴线的主要作用是组织排序，使住区功能、结构、布局有序地组合在一起，并通过轴线上的节点对一些空间的文化属性、纪念意义等进行强化和呈现（图 6.7）。10 分钟生活圈中主要表现在文化、教育、商业服务等配套设施和公共空间的集聚，因此，居民文化活动、购物消费的场所成为住区空间轴线的主要载体。

（3）围合式。住宅沿基地外围周边布置，形成一定数量的次要空间，并共同围绕一个主导空间，构成后的空间无方向性，主入口按环境条件可设于任意一方，这种空间结构称为围合式（图 6.8）。围合式主导空间尺度较大，统领次要空间，也可以以特异的形态突出其主导地位。围合式布局的优点为绿地宽敞、空间舒展，日照、通风

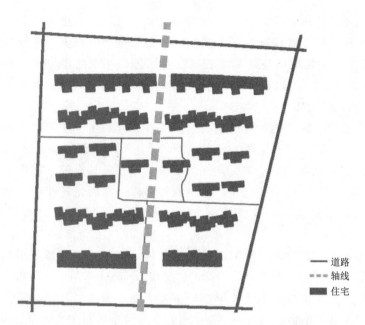

图 6.7　10 分钟生活圈住区轴线式空间结构示意图

和视觉环境相对较好，便于组织居民的邻里交往及生活活动等内容；但由于围合式布局容积率较大，宜适当控制建筑层数和建筑间距，同时次要空间尺度应适中，避免喧宾夺主。

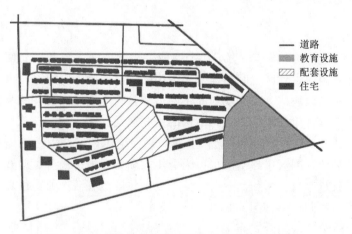

图 6.8　10 分钟生活圈住区围合式空间结构示意图

6.2.3　5 分钟生活圈住区空间结构影响要素分析及基本形式

5 分钟生活圈住区，即在 5min 步行可达范围内，配备生活所需的基本服务功能与公共活动空间，形成安全、友好、舒适的社会基本生活平台。5 分钟生活圈由多个街坊组合而成，街坊之间的空间结构相对简单。

1. 影响要素分析

5 分钟生活圈住区从建筑类型上看，除满足家庭单位基本生活的住宅建筑外，还包括儿童及老年人休闲娱乐设施、学前教育设施、菜市场、小型商业等配套设施建筑；从外部空间类型上看，没有了大规模的外部公共空间，主要是小型公园广场空间。此外，5 分钟生活圈内使用频率较高的为公园、小区集中绿地（包括儿童游乐场），以及早教、幼托类设施。因此，5 分钟生活圈住区空间结构的主要影响要素为配套设施和外部公共空间。

（1）学前教育设施。随着居民生活条件不断提升，住区规划中对托儿所（保教 0～3 岁婴幼儿）、幼儿园（保教 4～6 岁学龄前儿童）的配建要求越来越严格。依据技术标准要求，住区规划应该配建相应规模的学前教育设施，服务半径不宜大于 300m。住区规划应"以人为中心"，关注弱势群体，逐渐使托儿所、幼儿园功能完善、空间便利。因此，学前教育设施成为 5 分钟生活圈住区空间结构重要影响要素。

（2）小型商业。5 分钟生活圈内除儿童之外，老年人活动频率最高，买菜、购物、休闲是其最主要的行为活动。所以，居民步行 5min 范围内，菜市场、小型超市等小型商业均所是居民日常生活中逗留的主要场所，为居民提供方便快捷的交往平台，有助于增加住区活力。因此，小型商业是 5 分钟生活圈住区空间结构的重要影响因素。

（3）小型公园广场。小型公园广场是 5 分钟生活圈规划中活力较高的空间，是居民日常生活、交往的平台，为住区稳定、活力提供了保障，5 分钟生活圈建筑群体组合的重要工作就是创造丰富的公园广场空间。因此，小型公园广场是住区空间结构的影响因素。

2. 基本形式

5 分钟生活圈住区中学前教育、小型商业、小型公园广场都需要便利的交通、合理的辐射空间，因此，住区空间结构上多采用围合式。此外，随着城市由增量发展转为存量规划，存量地块成为住区规划的主要类型，在土地经济效益的驱动下，集约式空间布局成为 5 分钟生活圈住区空间结构的主要形式。

（1）围合式。5 分钟生活圈住区围合式布局住宅组团围绕中心绿地布置，实现户户有景的设计理念。同时主导空间也可为老年人和儿童提供健身、游戏、休憩、娱乐等场所，通过就近布置会所和商业街，使之成为住区最有活力的交往聚会场所，增强了住区的凝聚力和归属感（图 6.9）。

5 分钟生活圈住区围合式布局可从满足学前教育设施、小型商业、小型公园广场等需求的角度进行主导空间规模控制；从为居民提供较为恬静的外部空间生活的角度进行道路交通组织，结合步行道路进行外部空间边界控制，做到人车互不干扰。

（2）集约式。集约式布局是将住宅和配套设施集中紧凑布置，并依靠科技进步，积极开发地下空间，使地上、地下空间垂直贯通，室内、室外空间渗透延伸，形成居住生活功能完善、空间流通的集约式整体布局空间，实现土地的最大化利用（图 6.10）。

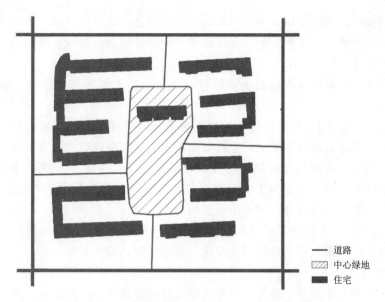

图 6.9 5 分钟生活圈住区围合式空间结构示意图

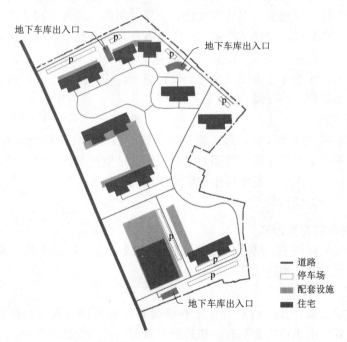

图 6.10 5 分钟生活圈住区集约式空间结构示意图

6.3 住区建筑布局

6.3.1 建筑布局的影响因素

建筑布局是对住区空间结构的落实和延伸，是丰富住区空间结构的主要载体，通

资源 6.4
居住建筑
风格.mp4

53

过不同的建筑布局创造不同形态、不同尺度、不同层次的外部空间,满足居民不同外部活动的空间需求。但人群特征、居住品质、配套设施会影响建筑布局。

1. 人群特征

人群特征是影响建筑布局的主要因素,主要包括人群的年龄结构、家庭结构等要素。

1)年龄结构。老年社区和青年社区是目前住区出现的两种主要类型,老年社区鉴于老年人生活习惯及身体状况,建筑布局需要充分考虑建筑的朝向以及自然采光通风等因素,应注重空间尺度的刻画与景观环境的优化,为老年人提供休闲、交流空间;青年社区主要以小户型为主,建筑形态较为多样,建筑布局强调空间的开放性,主要为青年人提供体育健身、娱乐活动空间。

2)家庭结构。不同的家庭结构对应不同的户型空间需求,不同的户型空间对应不同的建筑形态,建筑布局自然形成变化,使得空间也较为丰富。

2. 居住品质

居住品质即生活品质,是住区开发不容忽视的重要环节,其中居民对外部空间的"五感"(视觉、听觉、嗅觉、味觉、触觉)是居住品质的主要来源。因此,居住品质是影响建筑布局的主要因素。居住者文化、阶层、年龄、兴趣不同会产生居住品质的需求差异,但存在共性的居住品质需求:①具有良好的日照、通风、防晒、遮荫、降噪等条件的人工生态系统环境;②具有一定数量的健身、休闲、交流等设施和场所;③具有尊老爱幼、注重家庭亲情交流的个性化空间;④具有一定艺术特色、有独特个性及良好感受的创新空间环境。

3. 配套设施

配套设施虽用地和建筑容量远低于住宅建筑,但却是住区空间结构的点睛之笔,它的布局会影响住宅建筑布局。当配套设施位于住区空间结构的核心时,住宅建筑布局多围绕核心展开;当配套设施位于住区空间结构的轴线或片块时,住宅建筑布局会建立与轴线或片块的线性联系。

6.3.2 建筑布局的基本形式

在上述因素的影响下,结合现代住区住宅建筑形态,住宅建筑布局形成了行列式、点群式、院落式、周边式等几种基本类型。

1. 行列式

行列式布局是板式住宅或联合住宅在满足日照间距的前提下,按照统一朝向成排、有序的布置。由于住宅建筑较一般建筑对日照和通风条件要求较高,所以该布局形式(图6.11)在住区中最为普遍。其优点是有利于形成规整、有序的住区;有利于住宅楼群以及居室内部获得良好的通风采光;有利于设置清晰便捷的路网,缩短出行距离。其缺点是布局形式呆板单调,景观环境观赏性低;山墙面相同的处理方式降低了建筑的识别性等。

资源 6.5
行列式建
筑布局实
践.mp4

为避免以上缺点,可采用的优化手段为规划布置时建筑山墙错落(前后交错、左右交错、左右前后交错)、单元错开拼接(不等长拼接、等长拼接,成组改变朝向)以及矮墙分割等手法,或结合点式建筑布局,使建筑布局生动、多样。

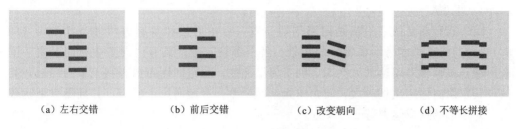

　（a）左右交错　　　　　（b）前后交错　　　　　（c）改变朝向　　　　　（d）不等长拼接

图 6.11　行列式布局方式

2. 点群式

点群式住宅建筑布局主要是随着高层住宅的出现而出现（图 6.12）。点群式布局是点式住宅成组团围绕住区中心建筑、公共绿地、水面有规律或自由地布置，形成丰富的群体空间。其优点是日照和通风条件较好，对地形的适应能力强，可利用边角余地；其缺点是外墙面积大，太阳辐射热较大，视线干扰较大，识别性较差。

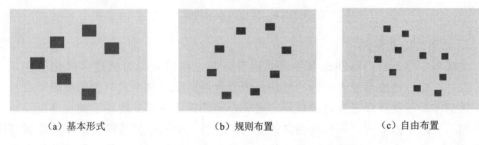

　　（a）基本形式　　　　　　　（b）规则布置　　　　　　　（c）自由布置

图 6.12　点群式布局方式

3. 院落式

院落式布局是将住宅单元围合成封闭或半封闭的院落空间，可以是不同朝向单元相围合，可以是单元错开拼接相围合，也可以用平直单元与转角单元相围合（图6.13）。其优点是院落内便于布置老年人与儿童活动场地、共享设施；领域感强，有利于促进邻里交往；容积率高，有利于提升土地的经济效益；以及可识别性强、空间安全系数高、物业管理方便等。其缺点是住宅单元一半面向庭院里，一半面向庭院外，东西两侧转角部分易产生阴影遮蔽。

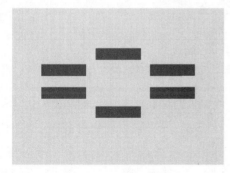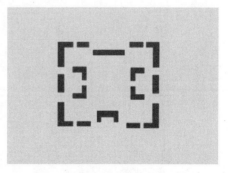

　　　（a）单元错开拼接相围合　　　　　　　（b）平直单元与转角单元相围合

图 6.13　院落式布局方式

4. 周边式

周边式布局是住宅沿街坊道路周边布置，有单周边和双周边两种布置形式（图 6.14）。其优点是容易形成较好的街景，且内部较安静；具有内向集中空间，便于围合出适合多种辅助用途的大空间，利于邻里交往；住宅四周布置有利于节约用地。其缺点是东西向住宅比例较大，转角单元空间较差，有漩涡风、噪声，并且噪声干扰较大，对地形的适应性差等。

　　（a）基本形式　　　　　　　　（b）单周边式　　　　　　　　（c）双周边式

图 6.14　周边式布局方式

5. 混合式、自由式

住区当中建筑布局往往是多种形式混合，通过建筑布局可营造多样化的住区空间。此外，在一些地形较为特殊的地块，为迎合地形会有自由式的建筑布局形式。

建筑布局不仅要保证良好的日照、通风，还要保证住区景观环境的协调统一；建筑布局不只是平面形式，还应包括立体空间，它是一个三维甚至四维的多维度空间组合模式。为改变住区空间形态千篇一律的现状，丰富住区空间效果，住区建筑空间布局应不断探寻新的布局模式。

思　考　题

1. 住区规划结构基本形式有哪几种？它们的特征是什么？分别适用于什么类型的生活圈？

2. 住区住宅群体组合的方式有哪些？各自有什么优缺点？

第7章
交通出行与道路设施规划设计

章 节 导 航			
分 节	核心问题	知识要点	毕业要求指标点
7.1 15分钟生活圈住区道路交通规划设计	建立生活圈与城市的交通联系	致密的支路网系统、人车互不干扰的道路断面、便捷的公共交通	理解道路交通设计方法和思路；能够应用于设计实践
7.2 10分钟生活圈住区道路交通规划设计	从机动车通勤向步行通勤转化	连续性的步行网络、整体性的街道空间设计	
7.3 5分钟生活圈住区道路交通规划设计	从步行通勤向步行活动交往转化	兼具步行交通功能和公共空间功能	

道路交通系统是住区各组成要素相互联系的纽带，是住区空间结构的显性要素，需与空间结构相吻合、与住区环境相衔接、与行为活动相匹配。生活圈范围不同，交通出行特征及需解决的交通问题存在差异，应基于生活圈范围进行道路交通系统设计。

（1）15分钟生活圈住区道路交通。15分钟生活圈住区道路主要用于解决居民通勤交通，同时分担城市支路交通。其规划设计一方面应用于解决支路网密度合理性，通过合理控制指标，保证步行的便捷，降低城市交通对步行的影响；另一方面需通过合理的道路横断面和便捷的公交系统，进一步优化城市交通与步行的关系。

（2）10分钟生活圈住区道路交通。10分钟生活圈住区道路主要用于解决日常生活交通，承担着较大的步行量和较为丰富的步行活动。其规划设计不仅要对外建立和支路步行系统的联系，还要建立和重要公共中心、广场公园等的步行联系。为保证居民拥有足够的步行空间、提高步行空间的趣味性及愉悦度，横断面设计时应将道路步行道空间与两侧建筑退界空间进行整体设计。

（3）5分钟生活圈住区道路交通。5分钟生活圈住区道路兼具交通空间和公共空间双重属性，既要解决日常生活交通，还要承担日常交往功能。其规划设计应自由、灵活，与居民行为活动、空间结构紧密结合。

7.1 15分钟生活圈住区道路交通规划设计

7.1.1 15分钟生活圈住区交通出行特征

1. 通勤交通比重高，期望便捷高效

15分钟生活圈住区交通行为主要为工作日的通勤交通，其次是休息日的生活

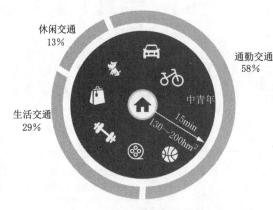

图 7.1　15 分钟生活圈住区交通类型构成

交通以及闲暇时的休闲交通。其中，通勤交通包括机动车、非机动车和步行等交通，占到交通出行的 58% 以上；生活交通包括步行购物、步行就医等，占到交通出行的 29% 左右；休闲交通包括步行康体、步行娱乐等，占到交通出行的 13%（图 7.1）。15 分钟生活圈住区道路应快速便捷，满足通勤交通需求。

2. 中青年为主要交通人群，期望趣味性和愉悦度

15 分钟生活圈住区交通人群主要为中青年，不仅期望工作日通勤交通便捷，更关注休闲交通和步行交通的感受，期望沿街生活、休闲功能丰富，交通环境与景观相结合。因此，15 分钟生活圈住区应该使交通空间具备一定的趣味性和愉悦度。

3. 多种交通方式同时存在，期望互不干扰

15 分钟生活圈住区通勤交通（其中，机动车、非机动车、步行三种交通方式存在同时性）、生活交通、休闲交通存在时间差异，例如散步遛狗、健身锻炼等休闲交通多在傍晚，购物逛街等生活交通多在周末，但三种交通行为并不存在绝对的时间区分。因此，15 分钟生活圈住区道路应通过横断面的有效组织，避免不同交通之间的相互干扰。

7.1.2　15 分钟生活圈住区道路规划设计

1. 道路网密度

15 分钟生活圈住区为满足居民通勤交通的便捷性，需根据生活圈交通走向，特别是与公共交通的关系深化道路系统，优化城市支路网密度，通过适宜的道路间距和道路网密度提高支路的周转量，即通勤出行的便捷度。支路网密度加大，交通联系便捷度高，居民平均出行距离下降；但支路网密度过大，会造成城市用地不经济、道路建设成本高等问题，还会因交叉口过多，影响车辆行驶速度和干道通行能力。

15 分钟生活圈住区道路主要满足通勤交通，应重点关注步行通勤，严控机动车行驶速度，降低机动车对步行交通的影响，提高居民的使用体验。《城市综合交通体系规划标准》（GB/T 51328—2018）建议居住功能区路网密度不应小于 8km/km²，住区内城市道路间距不应超过 300m。《城市居住区规划设计标准》（GB 50180—2018）提出居住区路网密度不应小于 8km/km²；城市道路间距不应超过 300m，宜为 150～250m，并应与居住街坊的布局相结合。江玉在《城市中心区支路网合理密度研究》中提出城市支路间距宜不大于 238m，道路网密度应该控制在 6.4km/km² 以上。

鉴于上述标准和研究，综合考虑城市主次干道的道路间距和密度，建议15分钟生活圈住区道路间距小于250m；当规划地块位于公共活动中心区时，道路间距宜小于200m，保证15分钟生活圈住区内道路网密度不小于8km/km²，15分钟生活圈住区级别道路（支路）道路网密度不小于4km/km²（图7.2）。

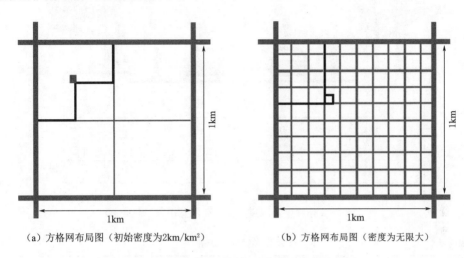

（a）方格网布局图（初始密度为2km/km²）　　　（b）方格网布局图（密度为无限大）

图7.2　15分钟生活圈住区道路网密度示意图
（图片来源：《城市中心区支路网合理密度研究》，江玉）

2. 道路宽度和断面

15分钟生活圈住区道路多种交通方式共存，通过缩小街坊尺度、增加路网密度降低机动车对步行交通影响的同时，需对道路横断面进一步优化设计，采用双向单车道，减少机动车对步行交通的干扰，保障行人安全。15分钟生活圈住区道路鼓励非机动车等低碳绿色出行，应采用机动车与非机动车分行的道路横断面。此外，还需满足道路绿化布置要求，提升道路的景观功能和生态功能。

结合《城市综合交通体系规划标准》（GB/T 51328—2018），15分钟生活圈住区道路一条机动车道不应小于3m（一条机动车道通常为3.5m）；人行道应满足两人以上行人并排走，宽度不宜小于2.5m（一条步行道宽度为0.75~1m）；非机动车道宽度不得小于1.5m（增加一条非机动车道宽度增加1m）；绿化占道路总宽度的比例一般为15%~30%。因此，15分钟生活圈住区道路红线宽度宜为14~20m（图7.3）。历史文化街区内，宽度可酌情降低，控制在12~14m。

3. 道路交叉口

正常情况下，城市支路与干道交叉口的路缘石半径一般为20~25m，支路与支路交叉口的路缘石半径一般为15~20m。为保护行人步行安全，降低机动车车辆转弯速度，缩短人行横道的距离，增大道路内地块的实际用地规模，应鼓励减小交叉口路缘石半径（图7.4）。综合《城市道路交叉口规划规范》（GB 50647—2011）和《郑州市城市规划技术管理规定（试行）（2019）》，建议15分钟生活圈住区道路与城市主干路交叉口的路缘石半径控制在10~20m，与城市次干路交叉口的路缘石半径控制在10~15m，与支路交叉口的路缘石半径不大于10m（表7.1）。

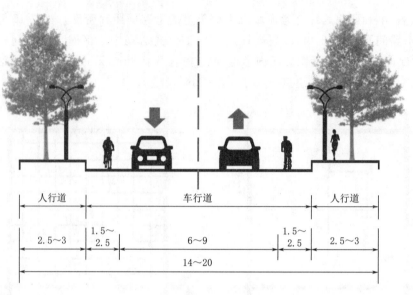

图 7.3　15 分钟生活圈道路横断面示意图（单位：m）

表 7.1　　　　　　　　　　　　　　　路缘石半径控制一览表

路缘石半径［《城市道路交叉口规划规范》（GB 50647—2011）］/m			
右转弯车辆行车速度/(km/h)	20	25	30
路缘石半径（有非机动车道）	10	15	20
路缘石半径［《郑州市城市规划技术管理规定（试行）（2019）》］/m			
道路等级	12m 宽道路	15m 宽道路	20m 宽道路
15m 宽道路	8	12	15
15 分钟生活圈住区道路路缘石半径/m			
道路等级	支路	次干道	主干道
15 分钟生活圈住区道路	≤10	10～15	10～20

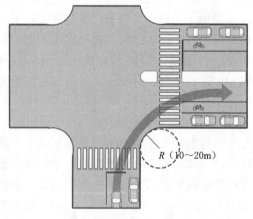

图 7.4　15 分钟生活圈住区道路交叉口路缘石
半径控制示意图
（根据《上海市街道设计导则》绘制）

7.1.3　站点周边交通规划设计

公共交通是 15 分钟生活圈住区居民与更大生活范围建立连接的重要环节，其站点是步行通勤的主要目的地。15 分钟生活圈住区应通过促进地铁、公交站点和周边建筑、公共空间的有机结合，提高服务覆盖范围，构建便捷、高效的公共交通换乘系统。

1. 轨道站点周边规划设计

《上海市 15 分钟社区生活圈规划导则（试行）》鼓励轨交站点周边 150m 范围内，统筹布局地面公共交通换乘站（建议换乘距离 50m 以内）、社会停车场（库）、自行车存放场、出租车候客点等（图7.5）；轨交站点出入口优先保障与地面公交设施的便捷换乘，设置连续的步行通道和明显的交通导向标志。地铁站点周边除满足上诉条件外，建议地铁站点尽量与大型商业、青少年活动中心、医院等配套设施结合，形成功能混合布局，提高地铁站点周边活力。

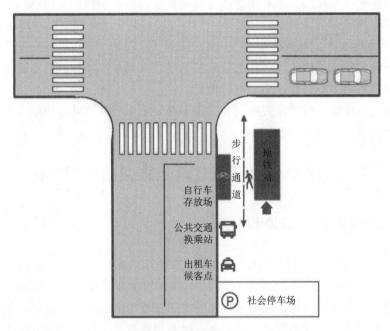

图7.5 站点周边交通组织示意图［根据《上海市15分钟社区生活圈规划导则（试行）》绘制］

2. 公交站点周边规划设计

从延伸交通系统的角度出发，公交站点周边应布置自行车存放场、出租车候客点、连续的步行通道和明显的交通导向标志；从提高公交站点服务品质的角度出发，公交站点周边应布置方便行人等候、休憩的设施，如避免日晒雨淋的候车亭、数字化报刊亭等。

7.1.4 停车设施规划

我国城市机动化发展水平较快，机动车保有量急剧增加，截至2020年9月，全国机动车保有量达3.65亿辆，其中汽车2.75亿辆。15分钟生活圈住区停车场（库）设置应因地制宜，评估当地机动化发展水平和居民机动车拥有量，满足居民停车需求，避免因住区停车位不足导致车辆停放占用主次干道和15分钟生活圈住区道路，也要避免因停车位过量，造成资源浪费。15分钟生活圈住区应布局用地属性为社会停车场用地（S42）的停车场（库），主要用于满足公共设施、公共空间停车需求，同时兼顾住区临时停车需求。但是，15分钟生活圈住区因区位条件、用地条件、对外交通条件等不同，社会停车场需求存在较大差异，建议采用分区控制原则，具体如下：

1. 中心城区以内

（1）老旧社区改造的生活圈住区，因用地较为紧张，公共交通可达性较高，可相对严格控制社会停车场配建标准，结合用地条件采用分散布局，优先考虑设置多层停车库或机械式停车设施。

（2）新建生活圈住区，根据生活圈人群流量进行相应配建；采用集中加分散的布局方式。

2. 中心城区以外、城市近郊区

（1）改善型住区，鼓励设置社会公共停车场，采用集中加分散的布局方式，应结合生活圈内的景观中心、商业中心进行设置。

（2）刚需型住区，鼓励设置社会公共停车场，采用分散布局，应结合生活圈的轨道交通、公交站点设置。

7.2 10 分钟生活圈住区道路交通规划设计

7.2.1 10 分钟生活圈住区交通出行特征

1. 多目的出行，步行可达性和效率要求高

10 分钟生活圈住区步行交通比例相比 15 分钟生活圈住区提高。步行交通人群主要为 60～69 岁老年人、3～12 岁儿童和 12～19 岁青少年。这三类人群不仅对家与目的地的步行可达性要求较高，同时关注步行交通过程中潜在的交通联系，不局限于单目的出行，期望一次出行串联多个目的地，提高出行效率。例如大部分老年人通常送孩子上学后会间接去买菜，去公园广场锻炼，去老年人文化活动中心活动等。

2. 非机动车出行增加，配套停车设施需求增加

10 分钟生活圈住区内通勤交通比重降低，生活交通和休闲交通比重提高，因此，私家车、公交等机动车交通逐渐减少，非机动车交通增加，特别是随着共享单车的发展，自行车交通比重会大幅度提升。

3. 休闲出行为主，出行附加值要求高

10 分钟生活圈住区交通主要是与公园、广场、公共活动中心、各类配套设施等之间的联系，出行目的多是休闲、娱乐，关注步行过程中的出行体验，主要为出行的趣味性和愉悦度等附加值。

7.2.2 10 分钟生活圈住区道路规划设计

1. 道路系统规划设计

（1）道路间距。10 分钟生活圈住区步行、自行车等慢性出行成为主要交通方式，应依托 15 分钟生活圈住区构建的密路网，打造 10 分钟生活圈住区便捷连通、舒适宜人的慢行交通网络，促进居民绿色健康生活。

10 分钟生活圈住区道路间距应满足两方面要求：①与慢性交通所需要的有效"沿街面"长度相匹配，如果道路不能提供有效的"沿街面"，各类公共活动就会集中在 15 分钟生活圈住区道路、城市主次干路上，造成城市道路功能紊乱；②进一步加

密道路网密度，在15分钟生活圈住区道路间距的基础上加密，提高居民慢性出行的便捷性。依托15分钟生活圈住区道路间距，10分钟生活圈住区道路间距宜为100～150m，公共活动中心区和交通枢纽地区间距宜为80～120m，确保居民穿行住宅或其他街坊的对角线以及任意相邻的两个边边长的空间距离，都在步行较适宜的距离300～500m以内。

（2）路网结构。15分钟生活圈住区道路对外公共属性较高，道路走向多顺应城市路网格局。10分钟生活圈住区道路是形成城市肌理的重要要素，为构建慢行网络，应根据地形条件、地块形态、现状道路等因素，建立相对自由、灵活、体现基地特征的路网结构；对于需要重点保护的历史文化名城、历史文化街区及具有历史价值的传统风貌地段，尽量保留原有道路格局，延续原有肌理。

2. 道路宽度和断面

10分钟生活圈住区道路交通属性降低，公共空间属性开始提高，道路宽度应与街道功能、人群活动、两侧建筑通风采光等要求相适应。10分钟生活圈住区道路虽然以慢行交通为主，但同时需要满足消防车、机动车通行。因此，10分钟生活圈住区道路建议采用机动车与非机动车混行道路断面，车道宽度不大于7m，采用机动车单向交通管制；人行道宽度不宜小于2.5m，最小不小于1.5m，在满足行道树种植要求的基础上，保证单股人流通行。综上所述，10分钟生活圈住区道路红线宽度宜为9～13m（图7.6）。

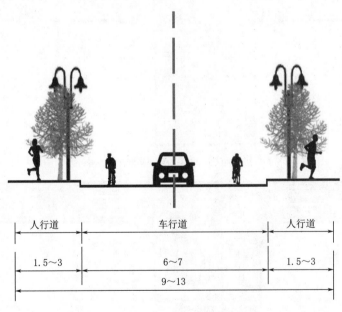

图7.6 10分钟生活圈住区道路横断面示意图（单位：m）

鼓励对10分钟生活圈住区道路步行道空间与两侧建筑退界空间进行整体设计（图7.7），一方面保证居民拥有足够的步行空间，另一方面通过整体设计，提升居民步行过程中的空间体验，提高出行附加值。此外，需要依托步行网络设计无障碍通道，充分保障弱势群体便捷安全的出行环境。

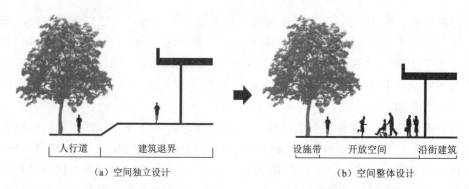

（a）空间独立设计　　　　　　　　　（b）空间整体设计

图 7.7　步行道空间与退界空间整合示意图（根据《上海市街道设计导则》绘制）

3. 道路交叉口

10 分钟生活圈住区道路交叉口路缘石半径应在满足机动车安全通行的要求下，尽量缩小。10 分钟生活圈住区道路与 15 分钟生活圈住区道路相交，交叉口路缘石半径宜为 9～10m；10 分钟生活圈住区道路与 5 分钟生活圈住区以下道路相交，交叉口路缘石半径宜为 6m（图 7.8）。

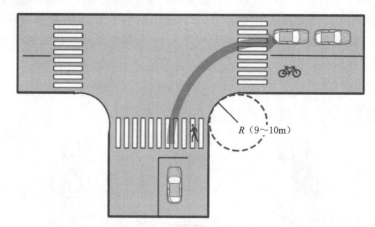

（a）10分钟生活圈住区道路与15分钟生活圈住区道路相交

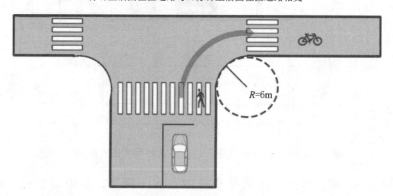

（b）10分钟生活圈住区道路与5分钟生活圈住区以下道路相交

图 7.8　10 分钟生活圈住区道路交叉口路缘石半径控制示意图
（根据《上海市街道设计导则》绘制）

7.2.3　出入口规划设计

15分钟生活圈住区多由10分钟生活圈住区或5分钟生活圈住区组成，没有单独的出入口，10分钟生活圈住区中心城区内多由5分钟生活圈住区组成，城市近郊多为独立住区，需设计出入口。出入口是住区与城市之间的连接和过渡空间，特别是住区步行出入口，是住区空间的开始，也是城市街道的亮点和特色。随着住区品质提升，出入口设计要求也在不断提高、逐渐多样化。

1. 机动车出入口

10分钟生活圈住区车行出入口要避免开在城市干道上，尽量选择城市支路或10分钟生活圈住区道路，减少10分钟生活圈住区机动车交通与城市交通的相互干扰；10分钟生活圈住区至少应有两个机动车出入口，两个出入口间距不应小于150m（图7.9），最好位于两个不同的方向上；机动出入口与城市道路相连时，其交角不宜小于75°；当沿街建筑物长度超过160m时，应增设洞口尺寸不小于4m×4m的消防车通道。

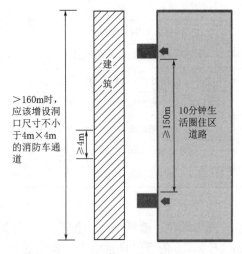

图7.9　机动车出入口示意图
（根据《上海市街道设计导则》绘制）

10分钟生活圈住区机动车出入口宜与人行道标高保持一致，保证居民步行的连续性，可采用差异化铺装予以提示。

2. 步行出入口

《中共中央国务院关于进一步加强城市规划建设管理工作的若干意见》中明确要求"我国新建住宅要推广街区制，原则上不再建设封闭住宅小区"。如果城市郊区等10分钟生活圈住区实施独立管理，应设置2个以上人行出入口，间距不宜超过200m，提升住宅小区的开放性，增强住区与城市的联系，保证人行出入的便捷。

10分钟生活圈住区步行出入口位置应尽可能靠近周边大型服务设施、公交站点等；出入口设计应从人的使用需求、视觉和心理感受出发，满足居民通行、交流、休息、观赏等基本要求，增强居民的归属感，并体现文化氛围，以期满足人们日益增长的精神需求。

7.2.4　停车设施规划设计

10分钟生活圈住区非机动车交通量增加，相比15分钟生活圈住区应同时配备机动车停车和非机动停车设施。

1. 机动车停车

10分钟生活圈住区机动车停车宜采用集中与分散相结合的方式布置，且要根据住区的类型和结构进行具体布置。例如多层和低层住宅区的集中停车场，当采用地面停车时宜布置在与10分钟生活圈住区道路毗连的专用场地上；高层住宅区的集中停车场应利用高层住宅的地下空间。分散设置的小型停车场和停车点由于规模小，布置自由灵活，形式多样，使用方便，可利用路边、庭院以及边角地。

10 分钟生活圈住区机动车配建标准应当在 15 分钟生活圈住区控制原则下，结合所在地的城市规划有关规定确定（表 7.2）；其中地面停车位数量不宜超过住宅总套数的 10%。此外，停车场（库）应设置无障碍机动车位，应为老年人、残疾人专用车等新型交通工具和辅助工具留有必要的发展余地。

表 7.2　　　　　　　　郑州市住宅建筑机动车配建标准

[根据《郑州市城市规划管理技术规定（试行）（2019）》整理]

户　型	计算单位	配建标准
户型建筑面积≤60m²	车位/户	0.6
60m²＜户型建筑面积≤90m²	车位/户	0.9
90m²＜户型建筑面积≤130m²	车位/户	1.0
130m²＜户型建筑面积≤150m²	车位/户	1.2
150m²＜户型建筑面积≤180m²	车位/户	1.5
户型建筑面积＞180m²	车位/户	2.0
政策保障性住房	车位/户	0.5

2. 非机动车停车

随着绿色、低碳交通的推广，10 分钟生活圈住区内应为居民提供非机动车停车场（库），方便居民日常生活。特别是随着共享单车的盛行，10 分钟生活圈住区还要配备一定量的非机动车社会公共停车场。非机动车停车场（库）位置应结合 10 分钟生活圈住区道路、公共空间分散设置；人流集中的公共场所，如超市、会所、出入口等，应在四周设置固定的专用自行车停车场，根据容纳人数估算存放量。

非机动车配建量应结合区位、公共交通等进行差异化配置。一般情况下，商业住区非机动车停车按照 1.5 辆/户进行配置，保障性住房按照 2 辆/户进行配置。

7.3　5 分钟生活圈住区道路交通规划设计

7.3.1　5 分钟生活圈住区交通出行特征

1. 人群步行能力弱，步行舒适度要求高

5 分钟生活圈住区步行人群在 10 分钟生活圈住区基础上，开始增加 70 岁以上老年人和 3 岁以下婴幼儿，受步行能力限制，70 岁以上老年人和 3 岁以下婴幼儿在步行途中需要有足够的休息、停留场地，对步行舒适度要求高。

2. 道路交通功能降低，公共空间属性提高

随着垂直交通分离的出现，5 分钟生活圈住区道路交通功能降低，逐渐成为居民邻里交往、日常休闲锻炼的场所，交通功能主要体现在满足居民对外出行、消防及紧急救援等需求。

7.3.2　5分钟生活圈住区道路规划设计

1. 道路系统规划设计

5分钟生活圈住区道路主要用于居民步行，自由度、串联度要求较高，多采用以下3种形式（图7.10）：

(a) 环状模式　　　　(b) 半环模式　　　　(c) 格网模式

图7.10　5分钟生活圈住区道路网格局示意图

（1）环状模式，也叫内环模式，由一条环通式和若干尽端式道路组成。环通式的道路穿过住区中部，在有限的几个节点间形成闭合道路系统，其中出入口附近为关键节点；尽端道路分布在环通式道路周边，端点为住宅群。这种道路形式在使用过程中易于管理。

（2）半环模式，也叫贯通模式。主要是受基地限制，在不足以设置环状通路的情况下，选择使用半环或是多个半环模式进行组织。

（3）格网模式。随着开放街区的推行，以及"小街区、密路网"政策的引导，在原有两种模式的基础上增加了第3种模式——格网模式，由若干条贯通式的道路纵横交错组成。这种道路形成的住区拥有多个出入口，住宅群均匀分布在网格形状的块状空间内。

在保证技术、经济的前提下（利于排水和减少工程量），5分钟生活圈住区道路应尽可能结合地形和现有建筑与道路（旧居住区改建，利用原有道路和工程设施），创造宜人的步行环境。对外出行道路最好采用直线，方便居民快速出入，内部道路应多采用曲线，提供丰富的道路视线；老旧小区改建，应延续原有的住区肌理，保留和利用有历史文化价值的街道。此外，5分钟生活圈住区道路应通过建立与10分钟生活圈住区道路的联系，提高步行网络的连续性。

2. 道路宽度和断面

5分钟生活圈住区道路全部为住区附属道路，分主要道路和其他道路。主要道路不仅用于满足步行需求，还要与消防、紧急救护等需求相适应，道路宽度宜为4～6m；其他道路主要用于满足居民休闲、2～3人并排走、观景等需求，道路宽度不宜小于2.5m。

7.3.3　出入口规划设计

1. 机动车出入口

5分钟生活圈住区机动车出入口主要为地下停车场出入口，在某些特殊情况下，还会有消防车出入口。地下停车场出入口离城市道路交叉口的距离应满足技术规范要求，一般应大于等于 50m；停车场出入口尽量位于支路和街坊道路上；此外机动车出入口与步行出入口应该分设于不同的方向上，减少机动车出入口对步行的干扰。当停车位大于等于 100 辆时，机动车出入口不少于 2 个，且两个出入口应分开布局，间距不小于 10m；机动车出入口单向车道宽度不小于 4m，双向车道不小于 7m（图 7.11）。

　　2. 步行出入口

　　5 分钟生活圈住区步行出入口是住区内外重要的过渡空间。要满足居民出入住区的交通功能，人行出口间距不宜超过 200m；要提供偶发的交往功能，满足居民打招呼、临时交谈等需求；要兼顾文化展示功能，通过出入口展示住区的文化、风貌等特征（图 7.12）。

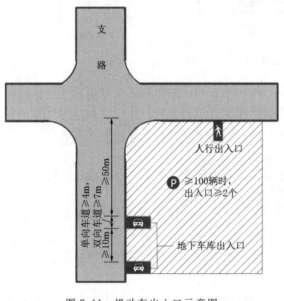

图 7.11　机动车出入口示意图
（根据《上海市街道设计导则》绘制）

图 7.12　步行出入口示意图

　　5 分钟生活圈住区步行出入口应利用广场、坡道等的铺装材质，雕塑小品等构筑物，树木、花、草等绿化景观，光、水等自然元素，通过有组织的空间设计和序列排布，引导居民有秩序地进入住区。

7.3.4　停车场（库）规划设计

　　1. 机动车停车

　　5 分钟生活圈住区机动车停车采用分散与集中相结合的方式，其中分散停车主要满足临时车、消防车停放要求，多位于地面上（图 7.13）；集中停车主要用于满足住户日常停车需求，位于地下。机动车配建标准同 10 分钟生活圈住区。

　　2. 非机动车停车

　　5 分钟生活圈住区内非机动车停车的配建标准和布局原则同 10 分钟生活圈住区（图 7.14）。

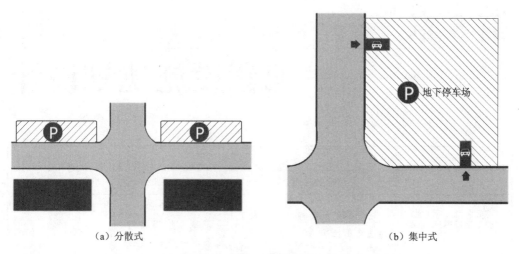

（a）分散式   （b）集中式

图 7.13　机动车停车示意图

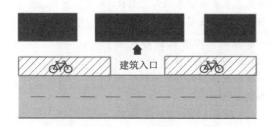

图 7.14　非机动车停车示意图

思政小课堂：小街区、密路网

中国近几十年来的经济发展速度放缓，更加趋于稳定持续发展，中国城市建设开发由原来粗放化发展模式逐渐转为精细化发展模式。以"大街区、疏路网"为特征的传统空间组织模式带来的一系列问题常常被人们所诟病，如城市交通拥挤、城市空间质量差、城市用地不集约、城市风貌同质化严重等问题。国务院于 2016 年指出要进一步加强合理城市街区规划建设，推行"小街区、密路网"模式，进行城市空间组织优化。

思　考　题

1. 5 分钟、10 分钟、15 分钟生活圈住区的交通需求有什么差异？
2. 生活圈住区道路路缘石半径应如何控制？其目的是什么？

资源 7.1
思考题答
案.pdf

第8章

配套设施规划设计

章 节 导 航			
分 节	核心问题	知识要点	毕业要求指标点
8.1 配套设施分类	通过不同分类标准，全面了解设施属性	按照用地属性、服务范围、使用类别、服务水平划分	关注设施配置新理念，在满足技术规范的同时，关注设施配置与居住品质、居住需求的关系
8.2 15分钟生活圈住区配套设施规划	是城市综合服务系统的组成单元，基本属于基础保障型设施，应科学规划布局	配套设施需求特征、布置内容和方式	
8.3 10分钟生活圈住区配套设施规划	在基础保障型设施的基础上，向品质提升型设施过渡，应兼顾设施规划布局的科学性和灵活性		
8.4 5分钟生活圈住区配套设施规划	5分钟生活圈住区配套设施是老年人、儿童的基础保障，是中青年人品质生活的载体，也是社区活力的根本		

配套设施是提升居民住区生活品质的关键。但是按照人口规模和服务半径布置的配套设施，一直停留在基础服务、自给自足阶段。近些年，各地方陆续出台配套设施配置标准，开始关注"自足性"和"共享性"，强调住区设施配置的差异性，强调在满足基础生活需求的同时，增加个性化配套设施。生活圈视角下，住区空间不再是均质单元，而是圈层化的空间体系，不同圈层对居民的日常生活意义有所差异，配套设施配置与布局需按照圈层进行差异化布局。

（1）15分钟生活圈住区配套设施。15分钟生活圈住区配套设施应作为构建城市综合服务系统的基本空间单元，是高品质街道级中心，与城市级、片区级配套设施形成功能完善的城市配套设施体系。

（2）10分钟生活圈住区配套设施。10分钟生活圈住区配套设施使用时间多为下班后或周末，对日趋增加的闲暇时间的生活质量越发关注，可从偏重于内部结构的"自足性"和偏重于外部关联的"共享性"视角进行配置。

（3）5分钟生活圈住区配套设施。5分钟生活圈住区配套设施主要使用人群是老年人和儿童，要尽量布局幼儿园，养老设施，健身、游玩场地等老年人、儿童自身使用的基础保障型服务设施。但是，作为和居民日常生活联系最紧密的圈层，应该根据时代的变化、人们生活习惯和方式的变化，增加个性化的品质提升型设施。

8.1 配套设施分类

8.1.1 按照用地属性划分

配套设施按照用地类别可分为公共管理与配套设施（A 类用地）、商业服务业设施（B 类用地）、社区服务设施（R12、R22、R32 用地）、便民服务设施（R11、R21、R31 用地）和其他设施五类（U 和 S 类用地），见表 8.1。

表 8.1   按照用地属性划分配套设施表

[根据《城市居住区规划设计标准》（GB 50180—2018）整理]

类 别	项 目
公共管理与配套设施（A 类用地）	初中、小学、体育馆（场）或全民健身中心、大型多功能运动场地、中型多功能运动场地、卫生服务中心（社区医院）、养老院、门诊部、老年护理院、文化活动中心（含青少年、老年活动中心）、社区服务中心（街道级）、街道办事处、司法所、派出所等
商业服务业设施（B 类用地）	商场、菜市场或生鲜超市、健身房、餐饮设施、银行营业网点、电信营业网点、邮政营业场所等
社区服务设施（R12、R22、R32 用地）	社区服务站（含居委会、治安联防站、残疾人康复室）、社区食堂、文化活动站（含青少年、老年活动站）、小型多功能运动（球类）场地、室外综合健身场地（含老年户外活动场地）、幼儿园、托儿所、老年日间照料中心（托老所）、社区卫生服务站、商业网点（超市、药店、洗衣店、美发店等）、再生资源回收点、生活垃圾收集站、公共厕所、公交车站、停车场（库）等
便民服务设施（R11、R21、R31 用地）	物业管理与服务，儿童、老年人活动场地，室外健身器械，便利店（菜店、日杂等），邮件和快递送达设施，生活垃圾收集点，非机动车停车场（库），机动车停车场（库）等
其他设施（U 和 S 类用地）	开闭所、消防站、垃圾转运站、燃气调压站、供热站、热交换站、轨道交通站点、公交首末站、公交车站、停车场（库）等

1. 公共管理与配套设施

公共管理与配套设施主要包括教育设施（初中、小学）、养老设施（养老院、老年护理院等）、文化设施（文化活动中心等）、体育设施［体育馆（场）、大中型多功能运动场地等］、行政管理设施（派出所、街道办事处等）；属于城市用地当中的 A 类用地。

2. 商业服务业设施

满足居民日常生活的商业服务业设施，主要包括教商业零售设施（商场、生鲜超市、菜市场等）、餐饮设施（饭店、餐厅等）、公用设施营业网点设施（电信营业网点、银行营业网点、邮电营业场所）等；属于城市用地当中的 B 类用地。

3. 社区服务设施

5 分钟生活圈住区内，社区服务设施是对应居住人口规模配套建设的生活服务设施，主要包括托幼、社区服务站及文体活动、卫生服务、养老助残、商业服务等设施类型；一般集中或分散建设在住宅用地的服务设施用地（R12、R22、R32）中。

4. 便民服务设施

便民服务设施是居住街坊内住宅建筑配套建设的基本生活服务设施，对应居住人口规模或根据住宅建筑面积按比例配建，主要包括物业管理、便利店（小菜店等）、活动场地、快递接收站、生活垃圾收集点、停车场（库）等设施类型；一般布置在住宅用地上（R11、R21、R31）。

5. 其他设施

其他设施包括开闭所（U12）、燃气调压站（U13）等市政公用设施，以及轨道交通站点、公交车站等公交站场设施（S41），见图8.1。

图8.1　其他设施（图片来源：李杨绘制）

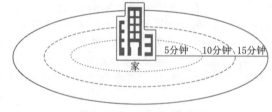

图8.2　配套设施服务半径示意

8.1.2　按照服务范围划分

根据设施使用频率和居民步行可达范围，以家为核心，可将设施分为15分钟、10分钟、5分钟生活圈住区配套设施三种类型，见图8.2和表8.2。

表8.2　　　　　　　　　　　　　按照步行可达范围划分配套设施表

[根据《城市居住区规划设计标准》（GB 50180—2018）整理]

类　别	必 配 项 目	选配项目
15分钟生活圈	初中、大型多功能运动场地、卫生服务中心（社区医院）、门诊部、养老院、老年护理院、文化活动中心（含青少年、老年活动中心）、社区服务中心（街道级）、街道办事处、司法所、餐饮设施、银行营业网点、电信营业场所、邮政营业场所、开闭所（U12）、公交车站	体育馆（场）或全面健身中心、派出所、健身房、轨道交通站点等其他市政及交通场站设施
10分钟生活圈	小学、中型多功能运动场地、商场、菜市场或生鲜超市、餐饮设施、老年日间照料中心（托老所）、商业设施、菜市场、银行营业网点、电信营业场所、公交车站	健身房、轨道交通站点等其他市政及交通场站设施
5分钟生活圈	社区服务站（含居委会、治安联防站、残疾人康复室）、文化活动站（含青少年、老年活动站）、小型多功能运动（球类）场地、室外综合健身场地（含老年户外活动场地）、幼儿园、老年日间照料中心（托老所）、商业网点（超市、药店、洗衣店、美发店等）、再生资源回收点、生活垃圾收集点、公共厕所、公交车站、停车场（库）	社区食堂、托儿所、社区卫生服务站、公交车站等

8.1.3 按照使用类别划分

按照使用类别，配套设施分为教育设施（托儿所、幼儿园、小学、初中等）、文化设施（文化活动中心、文化活动站）、体育设施［体育场（馆）或全民健身中心等］、医疗设施（卫生服务中心、门诊部、社区卫生服务站等）、商业服务设施（商场、菜市场或生鲜超市等）、养老设施（养老院、老年日间照料中心等）、市政公用设施、行政管理及其他设施八类（表8.3）。

表 8.3 按照使用类别划分配套设施表
［根据《城市居住区规划设计标准》（GB 50180—2018）整理］

类 别	具 体 内 容
教育设施	托儿所、幼儿园、小学、初中等
文化设施	文化活动中心（含青少年活动中心、老年活动中心）、文化活动站（含青少年老年活动站）等
体育设施	体育馆（场）或全民健身中心、多功能运动场地、室外综合建设场地（含老年户外活动场地）等
医疗设施	卫生服务中心（社区医院）、门诊部、社区卫生服务站等
商业服务设施	商场、菜市场或生鲜超市、银行营业网点、电信营业网点、邮政营业场所、健身房、餐饮设施、社区食堂等
养老设施	养老院、老年养护院、老年日间照料中心等
市政公用设施	开闭所、燃料供应站、燃气调压站、供热站或热交换站、通信机房、垃圾转运站、消防站、停车场（库）、轨道交通站点、公交首末站、公交车站等
行政管理及其他设施	街道办事处、司法所、派出所等

8.1.4 按照服务水平划分

为更加有效配置配套设施，明晰各类人群需求共性和个性，根据居民的生活需求可将配套设施划分为基础保障型设施和品质提升型设施（表8.4）。基础保障型设施是满足居民基本生活需求必须设置的设施，主要包括养老设施（老年日间照料中心）、医疗设施（社区医院）以及教育设施、文化设施、体育设施中必须要配置的项目；品质提升型设施是为了提升居民生活品质，根据人口结构、行为特征、居民需求等条件可选择设置的设施，主要包括教育设施中的社区学校、养育托管点，文化设施中的文化活动室（棋牌室、阅览室），体育设施中的健身房（点）等。老龄化、信息化发展背景下，应对现代居民多样化需求，配套设施配置应坚持完善基础保障型服务、丰富品质提升型设施的原则，引导居民形成绿色健康、交往共享的生活方式。

考虑到配套设施与居民生活的紧密性、与住区空间布局的关联性，配套设施选择应该在考虑服务范围划分的基础上，综合考虑使用类别和服务水平两种分类标准（图8.3）。

表 8.4　　　　　　　　　　按照使用类别划分配套设施表

［根据《上海市 15 分钟社区生活圈规划导则（试行）》整理］

类　别	分　类	项　目
基础保障型	教育设施	初中、小学、幼儿园等
	文化设施	文化活动中心（含青少年、老年活动中心）、文化站等
	医疗设施	卫生服务中心（社区医院）、门诊部、社区卫生服务站等
	养老设施	养老院、老年养护院、老年日间照料中心等
	体育设施	体育馆（场）或全面健身中心、多功能运动场地等
品质提升型	教育设施	社区学校、养育托管点等
	文化设施	文化活动室（棋牌室、阅览室）等
	体育设施	健身房（点）等

（a）15分钟生活圈住区配套设计

（b）10分钟生活圈住区配套设计

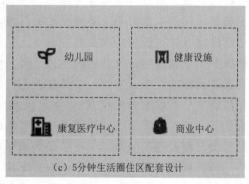

（c）5分钟生活圈住区配套设计

图 8.3　各级生活圈住区配套设施联合布置示意图

8.2　15分钟生活圈住区配套设施规划

8.2.1　配套设施需求特征

15分钟生活圈住区配套设施应作为构建城市综合系统的基本单元，与城市级、片区级配套设施共同构成功能完善的城市配套设施体系。因此，15分钟生活圈住区主要配置较大型的基础保障型设施，通过设施圈层辅助城市配套设施，满足居民必要生活需求。

资源8.1
配套设施规
划布局.mp4

8.2.2　配套设施规划

1. 布置内容

15分钟生活圈住区需要的基础保障型设施，首先是学龄儿童需求的教育设施；其次是满足居民周末、节假日、通勤途中需求的文化、体育、医疗等设施，具体指具有一定服务品质的街道（社区）级体育场馆、图书馆、医院和青少年文化中心等设施（表8.5）。

资源8.2
配套设施规
划布局.ppt

表8.5　　　　　　　　　　15分钟生活圈住区配套设施配建表

[根据《上海市15分钟社区生活圈规划导则（试行）》整理]

分　类		步行可达距离 (15min)/m	项　目		最小规模/(m²/处)		千人指标/(m²/千人)	
					建筑面积	用地面积	建筑面积	用地面积
文化	基础保障型	800~1000	社区文化活动中心 青少年活动中心 （含图书馆、信息苑等）		3000	3000	60	60
教育	基础保障型	800~1000	初中		12960	14400	260	288
医疗	基础保障型	800~1000	社区卫生服务中心		1700	1420	34	28
养老	基础保障型	—	养老院	养老、护理等	7000	3500	140	70
体育	基础保障型	800~1000	综合健身馆		1800	2000	36	40
			游泳池（馆）		800	3000	16	60
			运动场	足球场、篮球场、网球场、羽毛球场等	—	3150	—	63
商业服务	基础保障型	800~1000	综合超市		2400	2000	48	40
			饭店		2400	2000	48	40

（1）文化设施。按照标准配建社区文化活动中心、青少年活动中心等基础保障型设施，构建服务人口5万人左右，服务半径1000m的"15分钟综合文化服务圈"；文化活动中心兼有小型文化馆、图书馆、剧场、科普知识宣传与教育、青少年和老年人学习活动场所及户外活动场地等功能。

（2）教育设施。根据服务半径和人口规模，按照标准配建2~3所初中。

（3）医疗设施。结合居民实际需求配置卫生服务中心，满足康复医治、医疗训练等治疗需求。

（4）养老设施。遵循"居家养老为基础、社区养老为依托、机构养老为支撑"原则，按标准配置养老院，为老年人提供保健康复、紧急援助等综合性服务。

（5）体育设施。应对现代绿色健康的生活方式需求，主要配建体育场（馆）、全面健身中心、运动场等基础健身设施，重点服务中青年，满足从基础健身到专业训练等各类健身需求。

（6）商业服务设施，包括综合超市、饭店、公用设施营业网点等。

2. 布置方式

配套设施布局形式分为三种：独立占地、联合布置（不独立占地但有独立建筑使用空间）、共享使用（建筑使用空间由多个设施共享使用，或单个设施开放给不同人群使用，见图8.4）。

15分钟生活圈住区配套设施大都属于城市用地分类当中的A和B，应采用独立占地布局模式，部分功能联系紧密的配套设施可联合布置，即将各自独立的建筑在同一地块中综合布局，这是多功能混合用地的趋势所致，也是提高居民出行附加值的一种方式。

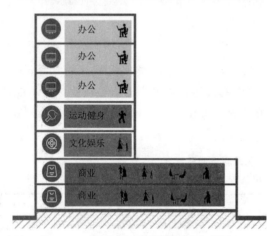

图8.4 配套设施共享布置示意图

（1）独立占地。初中需独立占地，一般设在生活圈边缘，沿次要道路和支路比较僻静的地段布局，不宜设在交通频繁的城市干道附近。学校规模应根据适龄青少年人口规模确定，且不宜超过36个班；用地规模应按照生均用地指标（表8.6）进行配备，用地形状应有利于校舍及运动场地的布置。

表8.6 初中生均用地指标

学校类别	初中			
	18个班，900人	24个班，1200人	30个班，1500人	36个班，1800人
校园面积/万 m²	≥3	≥3	≥3	≥3
生均校园用地/（m²/人）	24	22	21	20
生均校舍面积/（m²/人）	10.3	9	8.7	8

（2）联合布置。除学校独立用地外，鼓励各类配套设施联合布置。鼓励医疗设施与养老设施联合布置；鼓励社区文化活动中心等文化设施与商业服务功能联合布置，提升实体商业活力和体验度；为满足居民多样化、便捷可达的健身需求，提供场地条件，鼓励运动场地与其他公共空间复合建设，也可综合健身馆、游泳池、综合运动场等集中设置为社区体育中心。

不管是独立占地还是联合设置，15分钟生活圈住区配套设施需要首先在15分钟生活圈甚至更大的范围内协调用地关系，在此基础上，再进行具体微观层面的相邻用地间的建筑及场地布局协调。

8.3 10分钟生活圈住区配套设施规划

8.3.1 配套设施需求特征

10分钟生活圈住区配套设施使用时间多为下班后和周末，由于闲暇时间日趋增加，以及居民对生活品质越发关注，10分钟生活圈住区配套设施需求特征开始明显：①聚焦体育、文化、教育、社区服务四类设施（平均需求度超过30%）；②兼顾生活圈内部结构的"自足性"和外部关联的"共享性"。

8.3.2 配套设施规划

1. 布置内容

10分钟生活圈住区配套设施在15分钟生活圈住区基础保障型设施的基础上，向品质提升型设施过渡，既包括各类设施中的基础保障型，也包括此类设施中部分品质提升型。

（1）文化设施。为响应国家提升居民"文化自信"的要求，10分钟生活圈住区应提供多样化的文化活动室，结合居民实际需求增加棋牌室、阅览室等丰富文化生活的品质提升型设施（表8.7）。

表8.7　　　　　　　　　　10分钟生活圈住区配套设施配建表

[根据《上海市15分钟社区生活圈规划导则（试行）》整理]

分类		步行可达距离 （10min）/m	项　目		最小规模/（m²/处）		千人指标/（m²/千人）	
					建筑面积	用地面积	建筑面积	用地面积
文化	品质提升型	500	文化活动室	棋牌室、阅览室等	200	—	13	—
教育	基础保障型	500	小学		10800	13500	720	900
	品质提升型	—	社区学校	老年学校、成年兴趣培育学校、职业培训中心、儿童教育培训	1000	—	67	—
		500	养育托管点	婴幼儿托管、儿童托管	200	—	13	—
医疗	基础保障型	500	卫生服务站		150~200	—	10~15	—
养老	基础保障型	500	老年日间照料中心	老年人照顾、保健康复、膳食供应	300	—	40	—
商业服务	基础保障型	500	室内菜市场	副食品、蔬菜等	1500	1850	120	148
	品质提升型	500	社区食堂	膳食供应	200	—	13	—

（2）教育设施。为满足各类人群教育需求，提供学有所教的全面教育，教育设施应基于以下两个方面进行配置：①按照标准补充学龄儿童需求的基础保障型设施小学；②基于居民差异化需求，增设品质提升型社区学校，例如老龄化社区重点提供老年学校，中青年社区提供成年兴趣培训学校，外来人口较多的社区重点提供职业培训

中心等。

（3）医疗设施。在 15 分钟生活圈住区社区卫生服务中心的基础上完善医疗卫生体系，增加基础保障型设施——卫生服务站，提高医疗设施的覆盖范围，提供全面关怀的健康服务。

（4）养老设施。依托社区养老院完善机构养老服务，重视居家养老服务，按标准配置基础保障型设施——老年日间照料中心，全面覆盖老年人保健康复、生活照料以及精神慰藉多方面需求。老年日间照料中心是为生活不能完全自理、日常生活需要一定照料的半失能老年人提供个人照顾、保健康复、膳食供应、娱乐等日间服务的设施。

（5）商业服务设施。商业服务设施配置一方面要贴近居民基本生活购物需求，提供基础保障型设施——菜市场；另一方面要考虑现代人的生活习惯，提供社区食堂等便民的品质提升型商业服务设施。

2. 布置方式

10 分钟生活圈住区配套设施多采用联合布置，鼓励相关联设施联合布置。根据服务人群差异化需求，引导形成以儿童、老年人以及上班族某一人群为核心的设施圈，为居民生活提供便捷的"一站式"服务。例如 60～69 岁老年人日常设施圈建议以菜市场为核心展开，同绿地、小型商业、学校及培训机构等邻近布局。

10 分钟生活圈住区鼓励配套设施采用共享使用布置方式，构建功能复合的设施建筑（图 8.5）。①鼓励不同人群之间的设施共享，例如老年学校、职业培训中心等与社区文化活动中心共享使用，共享培训教室、各类活动室等；②鼓励相联系功能之间的共享，例如老年日间照料中心与卫生服务站共享使用，共享治疗室、床位等；③鼓励不同使用时间段的共享，例如工作日使用的小学与周末使用的职业培训中心共享等。

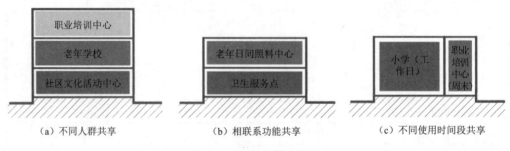

   （a）不同人群共享   （b）相联系功能共享   （c）不同使用时间段共享

图 8.5 共享建筑示意图

8.4 5 分钟生活圈住区配套设施规划

8.4.1 配套设施需求特征

老年人和儿童的步行出行能力为 5min，5 分钟生活圈住区配套设施需求量最高的是为老年人和儿童服务的配套设施。

　　老年人对菜市场、超市、文化活动、养老照料等设施需求度较高。其中，60～69岁老年人使用频率较高的设施为菜市场、超市等商业服务设施，公园、文化活动室等休闲类设施；70岁以上的老年人除较多使用菜市场、超市等商业类设施，对养老照料类设施的需求频率也大幅增长。

　　0～3岁婴幼儿需求频率较高的设施为公园、集中绿地（包括儿童游乐场），早教、幼托类设施也逐渐成为新的需求潮流；4岁以上学龄儿童除学校外，与婴幼儿一样，主要是对公园、培训机构、体育锻炼等设施的需求。

8.4.2　配套设施规划

　　1. 布置内容

　　5分钟生活圈住区重点关注老年人、婴幼儿、儿童等弱势群体的近距离步行要求，尽量布局幼儿园、康体服务中心、健身游玩场地等老年人、儿童使用频率较高的基础保障型服务设施；在此基础上，为丰富居民的生活、提升居民生活品质和住区活力，应增设一定量满足中青年需求的品质提升型服务设施（表8.8）。

表8.8　　　　　　　　　　　5分钟生活圈住区配套设施配建表

[根据《上海市15分钟社区生活圈规划导则（试行）》整理]

分　类		步行可达距离 （5min）/m	项　目		最小规模/（m²/处）		千人指标/（m²/千人）	
					建筑面积	用地面积	建筑面积	用地面积
教育	基础保障型	200～300	幼儿园		3150	5240	630	1050
养老	基础保障型	200～300	老年活动室	交流、文娱活动等	200	—	40	—
			工疗、康体服务中心	精神疾病工疗、残疾儿童寄托、残疾人康复活动场所、康体服务等	800		160	
体育	品质提升型	200～300	健身点	室内、室外健身点	—	300	—	60
商业服务	品质提升型	200～300	生活服务中心	修理服务、家政服务、菜站、快递收发、裁缝店	100		20	

　　（1）教育设施。根据服务半径，按照标准配建幼儿园，保证幼儿园服务半径不大于300m；幼儿园班级规模根据适龄儿童确定，不宜超过12班；幼儿园用地规模不小于2000m²；幼儿园位置建议位于生活圈中心，保证居民使用的便利性。

　　（2）养老设施。5分钟生活圈住区是养老的基础，应按标准配置老年活动室、康疗服务中心，为老年人提供文体娱乐、精神慰藉、生活照料、保健康复、紧急援助等综合性服务。

　　（3）体育设施。应对现代绿色健康生活方式需求，构建多样化、便捷性的健身休闲空间，激发居民参与度，提高设施的利用效率，促进住区活力。

　　（4）商业服务设施。根据人的生活模式和习惯转变，提供贴近居民品质生活需求的配套设施，满足居民多样的商业需求。

2. 布置方式

5 分钟生活圈住区配套设施除幼儿园（4 班以上幼儿园）是独立占地，体育设施采用分散布局模式外，其他配套设施建议采用共享建筑的布局模式，不仅方便居民使用，而且易形成生活圈中心。

思政小课堂：切实把公共文化服务提高到一个新水平

《中共中央关于制定国民经济和社会发展第十四个五年规划和二〇三五年远景目标的建议》，站在推进社会主义文化强国建设的高度，着眼满足人民日益增长的精神文化生活需要，明确提出"提升公共文化服务水平"，全面繁荣新闻出版、广播影视、文学艺术、哲学社会科学事业，切实把公共文化服务提高到一个新水平，让人民享有更加充实、更为丰富、更高质量的精神文化生活；党的十九大报告明确了新时代文化建设的基本方略，强调文化自信的基础性地位，创新是党的十九大报告的主线，也是推动新时代文化繁荣兴盛的主线，论述体现了辩证思维。

思　考　题

1. 配套设施有哪些分类方法？分别包含什么？
2. 配套设施的布置方式有几种？各自特点是什么？

资源 8.3
思考题答
案 . pdf

第9章
外部空间规划设计

章 节 导 航			
分　节	核心问题	知识要点	毕业要求指标点
9.1 外部空间类型	通过不同分类标准，全面了解住区外部空间属性	按外部空间形态、开敞指向、层次、用地属性划分	综合运用多种空间分析设计方法解决住区规划问题
9.2 外部空间设计原则	从城市文化、活力的提升角度出发，对外部空间进行整体方向控制		
9.3 15分钟生活圈住区外部空间规划设计	15分钟生活圈住区外部空间是住区与城市外部空间的桥梁，各年龄段混合使用，各时间段差异使用	公园绿地、广场设计要求；景观廊道设计要求	
9.4 10分钟生活圈住区外部空间规划设计	10分钟生活圈住区外部空间是社区活力展现的主要载体，各年龄段居民"各得其所"		
9.5 5分钟生活圈住区外部空间规划设计	5分钟生活圈住区外部空间是生活庭院，是邻里交往的主要空间载体		

　　单位制住区浓郁的生活气息、充满活力的日常活动，是住区长期发展过程中居民行为活动与自发形成的外部空间耦合的结果。生活圈住区外部空间应该打破现代商业住区外部空间设计的壁垒，充分考虑居民的生活方式、习惯，按照居民的心理和行为特点，创造亲切宜人的外部空间，提升邻里意识和居民归属感。

　　(1) 15分钟生活圈住区外部空间。15分钟生活圈住区外部空间是城市公共空间向住区空间过渡的重要层次，上连城市公共空间，下接10分钟、5分钟生活圈住区外部空间，是各年龄段居民在节假日和业余休闲时间乐于逗留的场所，应满足各年龄段混合使用，各时间段差异使用的需求，成为城市活跃的街道级公共中心。

　　(2) 10分钟生活圈住区外部空间。10分钟生活圈住区外部空间更方便居民散步与交往，是提高中青年上班族住区参与度，让他们建立以住区为内在联系的社交生活的主要途径。因此，10分钟生活圈住区外部空间应该从人群的出行轨迹、活动规律出发进行规划设计，形成以不同人群为核心的外部空间圈。

（3）5 分钟生活圈住区外部空间。5 分钟生活圈住区外部空间是宅间空间的扩大和延伸，是老年人和儿童锻炼身体、休闲娱乐的主要场所，是邻里日常交往的主要空间载体，是居民以家为核心的生活庭院，是萌发交往活动，发展社区活力的重要场所。

9.1　外部空间类型

资源 9.1
住区外部空
间设计 . mp4

空间本质是由一个物体同感觉它的人之间产生的相互关系所形成的。外部空间是由人创造的有目的的外部环境，是从限定自然开始、比自然更有意义的空间。生活圈住区外部空间由人为设计的绿地、道路、广场等建筑之外的空间组成。

生活圈住区外部空间有不同的划分标准，如按照空间的使用特征、空间界定的质态等划分，但影响生活圈体系下外部空间感知的主要是外部空间的形态、开敞指向、层次和用地属性。其中，前两种主要是基于外部空间的设计手法，后两种主要是基于外部空间的使用结果。

9.1.1　按形态划分

生活圈住区外部空间按形态划分，可分为点、线、面三种类型，既包括点状布局的小型公共绿地和休憩小广场，也包括线型布局的景观廊道、步行街、步行通道，还包括面状布局的公园和大型广场等。

9.1.2　按开敞指向划分

生活圈住区外部空间根据围合程度和开敞指向不同可分为开敞空间、单向开敞空间、线型开敞空间、带状开敞空间（图 9.1）。

（a）单向开敞空间　　　　（b）线型开敞空间　　　　（c）带状开敞空间

图 9.1　外部空间开敞形态示意图

（1）开敞空间——建筑物围集在周围形成的空间。这种空间具有内向性特征，是人们聚集和活动的场所。

（2）单向开敞空间——建筑三面围合、一面开放的空间。这种空间具有极强的方向性，植物或场地布局也必须保持空间的方向性。

（3）线型开敞空间——在一端或两端开口，呈长条、狭窄状的直线型空间。这种空间可将人们的注意力引向地面标志、住区标志性建构筑物上等。

（4）带状开敞空间——由线型空间或单向开敞空间组合而成的空间。这种空间在拐角处转入另一小空间，各空间时隐时现，空间的方向、大小、景物、视野等随路径变化而变化。

9.1.3 按层次划分

生活圈住区外部空间主要分为街区级、社区级以及街坊级。例如公共绿地和广场，既包括街区级和社区级公共绿地，也包括为周边居民服务的小型街坊级公共空间；街区级步道主要为依托城市环线、河道、风貌道路、主要商业街形成的步行公共空间网络，社区级步道主要为依托社区内生活性支路、公共通道、水系形成的社区级公共空间网络。

9.1.4 按用地属性划分

生活圈住区外部空间按照用地属性既包括独立占地的公共空间，也包括附属公共空间。其中，独立占地的公共空间主要为集中绿地和广场，面积大于4000m²，用地属于城市用地分类当中的G1（公园绿地）和G3（广场用地）；附属公共空间主要是为其他用地范围内的外部空间，例如文化、体育、商业、办公、教育、居住等用地内对公众开放的外部空间，用地属性为文化用地、商业用地、居住用地等。

9.2 外部空间设计原则

9.2.1 构建多类型、多层次外部空间

构建多类型、多层次的外部空间，形成总量适宜、步行可达、系统化、网络化的外部空间布局，满足居民不同类型、不同空间层次的便捷活动需求。

9.2.2 强化使用性，提升空间服务水平

外部空间规模布局和空间设计应从重指标、轻功能向重使用、重效能转变。一是注重外部空间的步行可达覆盖率，不强求单个空间的用地规模；二是空间设计以人的使用为导向，深入研究居民的人口构成和需求特征，尤其关注老年人、儿童等弱势群体的使用需求，提高使用效能。

9.2.3 创造富有人文魅力的外部空间

突出外部空间的文化内涵和人文特征，充分发挥文化要素对空间环境文化品质的提升作用。历史文化风貌区的生活圈住区外部空间应突出历史文化内涵，彰显文化底蕴；城市近郊的生活圈住区公共绿地、广场等外部空间设计应突出公共艺术品质，在创新中形成具有独特文化魅力的空间形象。

9.2.4 鼓励多元业态混合、开敞活力的建筑界面

高密度步行覆盖率是鼓励居民选择外部空间活动的基本条件，丰富多样的空间界面和空间愉悦感则是提高居民外部活动满意度、塑造住区活力的关键。生活圈住区外部空间一方面应鼓励外部空间建筑的底层功能混合，布局购物、休闲等多元业态，为住区居民多种多样的交集创造可能，促进交往活动的发生；另一方面鼓励多、高层住

宅底层架空用作开放空间、绿化空间等公共用途；此外，倡导形成连续有序的建筑界面，塑造活力空间界面。

9.3 15 分钟生活圈住区外部空间规划设计

9.3.1 外部空间特征

从城市公共空间系统来讲，15 分钟生活圈住区外部空间是城市外部空间向住区外部空间过渡的重要层次，上连城市外部空间，下接 10 分钟、5 分钟生活圈住区外部空间，为居民提供集中的公共活动场所。

9.3.2 外部空间设计

15 分钟生活圈住区外部空间包含两类，一种是面状的公园绿地和广场，另一种是带状的景观廊道。面状公园绿地和广场为独立用地，为公园绿地 G1 和广场用地 G3。景观廊道有独立用地，也有附属用地。

1. 公园绿地和广场

15 分钟生活圈住区公园绿地和广场是各年龄段居民节假日和业余休闲时间乐于逗留的地方，是中青年上班前或下班后锻炼身体的去处，应结合主要公共活动节点、特别是 15 分钟生活圈住区中心公共活动节点布局公园绿地和广场，使其成为城市公共活动中心的重要辅助。

15 分钟生活圈住区公园绿地和广场应不少于 2.0m²/人（不包含 10 分钟生活圈住区及以下级别的公共绿地），其中集中公园绿地面积不小于 5hm²，宽度不小于 80m。公园绿地布置以绿化为主，绿地率建议控制在 78%～83%；为提高居民的使用频率，建议布置 10%～15% 的体育活动场地。

15 分钟生活圈住区广场应采用开敞空间形态，空间界面以公共建筑物为主，提高公共建筑与广场活动的相互促进作用。从海绵城市角度出发，广场透水地面铺装率建议不小于 50%。

2. 景观廊道

15 分钟生活圈住区景观廊道为带状开敞空间，主要为生态廊道、慢行景观廊道、商业活动景观廊道等。

15 分钟生活圈住区景观廊道界面可为柔性界面，也可为刚性界面，界面高度宜按照线型空间高宽比 $2 \leqslant D/H \leqslant 3$ 进行控制。如景观廊道两侧刚性界面较为分散，可利用植物围合成空间，增强界面的延续性。

15 分钟生活圈住区商业活动景观廊道鼓励多元业态混合，增加文化活动空间；慢行景观廊道鼓励改善横断面结构，增加步行及自行车空间，形成连续慢行通道。

3. 家具设计

15 分钟生活圈住区鼓励设置艺术小品提升空间活力及吸引力；选用与外部空间风貌相匹配的街道家具，提升住区文化品质。

公园内部慢行道沿线、广场公共建筑周边宜布置固定或可移动休憩设施，设施的摆放方式应宜于促进社会交往，营造交流场所。休憩设施数量宜按人口容量的 20%～30% 设置，建议 20～150 个/hm²（图9.2）。此外，需注重休憩设施的多样性，提升空间的愉悦度（图9.2）。

图9.2　城市家具

9.4　10分钟生活圈住区外部空间规划设计

9.4.1　外部空间特征

10分钟生活圈住区外部空间更接近居民，方便居民散步与交往，是老年人和儿童锻炼身体、休闲娱乐的主要场所，同时也是提高中青年上班族的社区参与度，让他们建立以社区为内在联系社交生活的主要途径。因此，10分钟生活圈住区外部空间应根据各年龄段人群的出行轨迹、活动规律进行规划设计，形成以不同年龄段人群为核心的外部空间活动圈。

9.4.2　外部空间设计

10分钟生活圈住区外部空间由公园绿地（G1）和广场用地（G3）组成，建议结合各年龄段的设施圈进行分散设置（图9.3）。附属公共空间主要为景观廊道，应该与独立公共空间形成系统，提升外部空间整体服务水平。

（a）公共空间邻城市干道（路段）　（b）公共空间邻城市干道（街角）　（c）公共空间邻城市支路（路段）

（d）公共空间邻城市支路（街角）　（e）公共空间设置在道路两侧　（f）公共空间设置在建筑之间

图9.3　公园、广场位置导引图［根据《上海市15分钟社区生活圈规划导则（试行）》绘制］

1. 公园绿地和广场

10分钟生活圈住区公园绿地和广场不宜少于 1.0m²/人（不包含5分钟生活圈住区及以下级别的公共绿地）。

（1）公园绿地。10 分钟生活圈住区集中公园绿地不宜小于 1hm²，宽度不小于 50m；公园绿地与各年龄段的设施圈结合设置时，面积可相应缩小，但不宜小于 4000m²。公园绿地以绿化为主，但相比 15 分钟生活圈住区公园绿地应较多布局居民驻足、休息的设施与场地，以及适当的儿童游戏设施与场地，使公园绿地成为居民日常进行活动与交往的主要场所。

（2）广场。10 分钟生活圈住区广场的规模面积、位置和出入口、界面形式、高宽比的规定如下：

1）规模面积。广场建议不超过 2hm²，以 10000m² 以下为宜；结合配套设施设置的广场建议为 0.3～2hm²；以聚集活动为主的广场建议为 1000～3000m²；以休憩为主的小型广场建议为 400～1000m²。

2）位置和出入口。广场布局宜综合考虑朝向、周边各项环境，以及与人行道和建筑的关系等因素；广场最好为南向，受地块条件限制时允许朝东或者朝西，不建议完全朝北的广场；广场出入口应与周边人行道有紧密联系，尤其是出入口，提高其可达性。

3）界面形式。广场周边宜形成多元业态的积极界面，建议不少于 50％的建筑为零售、餐饮、娱乐等服务功能；鼓励建筑界面设置开放透明的外墙，建筑出入口朝向外部空间。

4）高宽比。小型广场建议 $D/H \approx 1$，保持空间处于舒适活跃的范围；中型及以上广场高宽比以 $1 \leqslant D/H \leqslant 3$ 为宜。

2. 景观廊道

10 分钟生活圈住区景观廊道串联主要外部空间节点，与 15 分钟生活圈住区景观廊道对接，满足人们日常休闲散步、跑步健身、商业休闲等日常活动需求。为形成大众日常公共活动网络，需对其建筑界面的业态、形态和高度进行重点控制，构建连续、有序的建筑界面。

10 分钟生活圈住区景观廊道为线型开敞空间，多为步行商业街道，应塑造业态混合、活力开敞的建筑界面。鼓励设置零售、娱乐、旅馆、餐饮、零售等混合商业业态，增加 24h 营业店铺，延长店铺的营业时间。

10 分钟生活圈住区景观廊道建筑界面宜平行于线型空间贴线建造，建议贴线率不小于 70％。建筑界面高度宜按照线型空间高宽比 1：1 进行控制，一般景观廊道两侧的建筑界面檐口高度宜控制在 12～24m 之间，鼓励通过建筑拼接等方式形成连续界面；鼓励建筑界面 24m 以上部分按照 1.5：1 的高宽比进行退台，维持景观廊道的高宽比（图 9.4）。

10 分钟生活圈住区景观廊道底层沿街功能以展示型橱窗为主的街段，宜设置宽度在 1m 左右的室外交往和休憩空间；需要设置室外商品展示与销售的中小型零售业为主的街段，宜设置宽度在 2m 左右的室外交往和休憩空间；大型设施出入口及需要设置室外餐饮区域的街段，在兼顾贴线率的情况下，尽量设置 3～5m 的室外交往和休憩空间（图 9.5）。

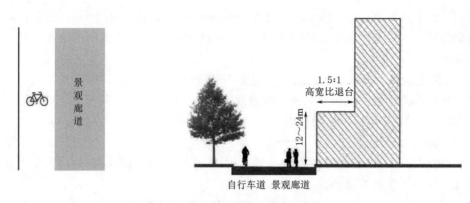

图 9.4　10 分钟生活圈景观廊道示意图（一）

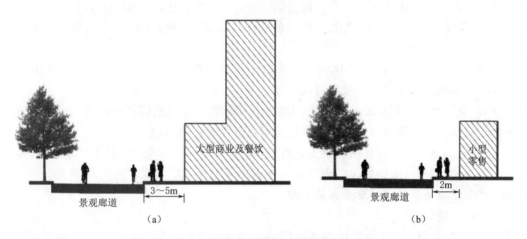

图 9.5　10 分钟生活圈景观廊道示意图（二）

9.5　5 分钟生活圈住区外部空间规划设计

9.5.1　外部空间特征

5 分钟生活圈住区外部空间是宅间空间的扩大和延伸，可以增加居民的室外活动层次，是承载居民相互交往的主要空间载体。特别是游憩、休闲空间，是萌发交往活动、发展住区活力的重要场所。

9.5.2　外部空间设计

5 分钟生活圈住区外部空间由公园绿地（G1）和广场用地（G3）组成，以及配套设施、居住附属的公共空间。公园绿地和广场用地面积不少于 1.0m²/人，其中，集中公园绿地用地面积不小于 4000m²，宽度不小于 30m。附属公共空间宜结合住区人群活动进行灵活设置，形成景观廊道。

1. 公园绿地和广场

5 分钟生活圈住区应重点关注与居民日常使用更加密切的小型公共空间。小型公共空间服务半径不宜超过300m，鼓励有条件的地区覆盖率达到100％。公共活动中心区以及居住人口密度大于2.5万人/km²的住区内，小型公共空间的服务半径不宜超过150m。

5分钟生活圈老旧社区改造应将小型公共空间建设作为核心，以存量空间挖潜为主，对住区各类零星的消极空间进行改造设计，并与城市公共空间网络相连接，有效提升住区空间品质和使用的便捷性。

（1）公园绿地形式。

1）树林型——以高大的树木为主形成树林。在管理上简单、粗放，大多为开放式绿地，居民可在树下活动。

2）花园型——以篱笆或栏杆围成一定范围，布置花草树木和园林设施。色彩层次较为丰富，可以遮挡视线，有一定的私密性，为居民提供游憩场地。

3）草坪型——以草坪绿化为主，在草坪边缘适当种植一些乔木或灌木、花草之类。

4）棚架型——以棚架绿化为主，采用开花结果的蔓生植物，有花架、葡萄架、瓜豆架等，既美观又实用，较受居民喜爱。

5）篱笆型——用常绿的或开花的植物组成篱笆，分隔或围合成绿地，或以开花植物形成花篱，在篱笆旁边栽种爬蔓的蔷薇或直立的开花植物。

6）庭园型——在绿化的基础上，适当设置园林小品，如花架、山石、水景等。

7）园艺型——根据居民的爱好，在绿地中种植果树、蔬菜，一方面绿化，一方面生产果品蔬菜，供居民享受田园乐趣。

（2）广场。

1）广场类型。5分钟生活圈住区广场应兼顾住区内不同人群的需求，设置幼儿游戏场地、儿童游戏场地、青少年活动与运动场地、老年人健身与休闲场地等。各类场地的配置与设计宜以居民的年龄结构为基础，根据不同年龄段人群的活动的生理和心理需要以及行为特征进行。幼儿和儿童游戏场地的位置宜尽可能方便家长能够及时进行监护，甚至在户内进行监护；同时应有一个相对围合的空间，且保证没有机动车交通的穿越；还需考虑亲子活动设施的设置，如沙坑等。此外，需要设置家长监护或陪伴时使用的休息设施，满足成年人或老年人在监护或陪伴时相互交往的可能。青少年活动与运动场地宜设置在相对独立的地段，功能上包括球场、滑板场地等。老年人的健身与休闲场地宜考虑不同时段和不同人群共享使用的特征，同时需考虑无障碍设施的设置要求。

2）广场形式。5分钟生活圈住区广场建议采用封闭空间，给使用人群较高的私密感和安全感。要使空间具有较强封闭感，应通过设计手段将空间空隙减少：①减少广场周边建筑缝隙，空间空隙越少，封闭感就越强；②建议广场周边建筑采用拐角式，增强空间围合感；③如果空间封闭存在空隙，可以通过围绕空间的建筑物重叠，阻挡视线的穿透，或者应用地形、植物材料或其他阻挡视线的屏障等，使空间空隙消除或减小；④增加"空旷度"，建议将树木或其他景物置于空间的边缘，强化"中空"特征。

2. 景观廊道

鼓励多、高层住宅建筑底层架空用作公共开放空间、绿化空间、通道等公共用途（图9.6），与5分钟生活圈住区景观廊道空间相互融合。

图 9.6　5分钟生活圈住区景观廊道示意图

1）人行道：提供充足的日照、照明、遮荫和街道活动空间，激活街道活力。

2）地面铺装：材质和图案可适当活泼，促进街道活力。

3）设施带：为行人提供驻留、休憩空间，有助于增加街道的活动多样性，改善步行体验。

思　考　题

1. 生活圈住区外部空间按形态划分包含哪三类？设计时应符合哪些规定？
2. 居住街坊内绿地面积的计算方法是什么？

资源 9.2
思考题答
案.pdf

第 10 章

教学设计

在进行具体的住区规划设计教学之前，需要先搞清楚一些问题。为什么要设置"住区规划设计"这门课程？它在建筑学学科发展及整个教学课程体系中的地位、作用与功能是什么？生活圈概念的本质以及生活圈在住区规划设计中的重要性是什么？如何正确理解住区空间观察与设计研究中的若干核心问题及相关知识要点？

10.1 课 程 概 述

资源 10.1
住区规划
设计课程
简介.mp4

"住区规划设计"是建筑学、城乡规划、城市设计等专业必修的设计专题，是引导学生从单体设计转向群体规划及城市设计的关键节点。根据《高等学校建筑学本科指导性专业规范》（2013 版）、《高等学校城乡规划本科指导性专业规范》（2013 版），"住区规划设计"旨在训练学生的住区规划设计能力及建筑单体的布局关系处理能力，培养学生处理整体性功能关系的能力，使学生理解生活圈影响下住区规划设计核心，并在空间组合、结构选型、建筑造型、场地设计方面对学生进行一次全面的训练。具体包括设计分析与定位、功能组织与布局、建筑形体与布局、公共服务设施配置与布局、道路交通规划设计、外部空间设计、景观环境设计等内容。

10.2 课 程 定 位

华北水利水电大学建筑学专业教学计划将设计课程的学习训练划分为"基础""拓展""综合"三个阶段，课程设置以设计课为主线，以"理论""原理""技术""表达""实践"为五条辅线，主线与辅线穿插交织，形成纵横向具有连续性和关联性的课程体系。建立包括"设计基础""设计方法""设计拓展""设计专题"及"设计实践"五大模块培养体系。依据学院培养计划，建筑学专业本科生在完成系列建筑设计后，建筑设计 421、422（即大四第二学期的两个课程设计）中开始进入设计专题"城市与建筑"，包含住区规划设计与城市设计（图 10.1）。

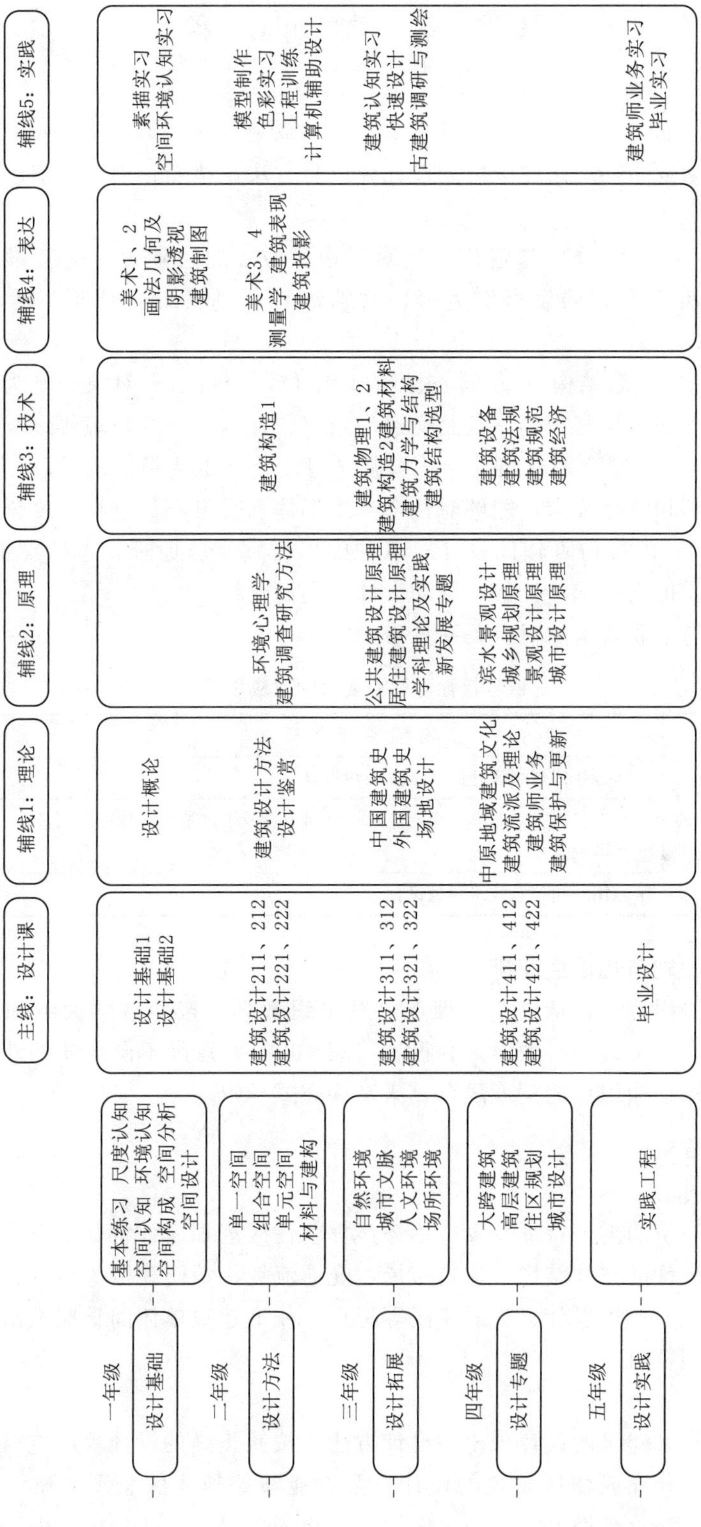

图 10.1 华北水利水电大学建筑学专业课程体系

年级		主线：设计课	辅线1：理论	辅线2：原理	辅线3：技术	辅线4：表达	辅线5：实践
一年级 设计基础	基本练习 尺度认知 空间认知 环境认知 空间构成 空间分析 空间设计	设计基础1 212 设计基础2 221、222	设计概论			美术1、2 画法几何及 阴影透视 建筑制图	素描实习 空间环境认知实习
二年级 设计方法	单一空间 组合空间 单元空间 材料与建构	建筑设计211、212 建筑设计221、222	建筑设计方法 设计鉴赏	环境心理学 建筑调查研究方法	建筑构造1	美术3、4 建筑学 建筑表现 测量学 建筑投影	模型制作 色彩实习 工程训练 计算机辅助设计
三年级 设计拓展	自然环境 城市文脉 人文环境 场所环境	建筑设计311、312 建筑设计321、322	中国建筑史 外国建筑史 场地设计	公共建筑设计原理 居住建筑设计原理 学科理论及实践 新发展专题	建筑物理1、2 建筑构造2建筑材料 建筑力学与结构 建筑结构选型		建筑认知实习 快速设计 古建筑调研与测绘
四年级 设计专题	大跨建筑 高层建筑 住区规划 城市设计	建筑设计411、412 建筑设计421、422	中原地域建筑文化 建筑流派及理论 建筑师业务 建筑保护与更新	滨水景观规划设计 城乡规划原理 景观设计原理 城市设计原理	建筑设备 建筑法规 建筑规范 建筑经济		
五年级 设计实践	实践工程	毕业设计					建筑师业务实习 毕业实习

10.3　教　学　内　容

10.3.1　教学目的

课程要求学生能够运用住区规划设计理论与方法，按照正确设计流程完成住区规划设计。

课程目标 1：住区分析与定位。认知基地区位、周边建设、配套设施、自然环境，以及基地所在区域的发展潜力等，对基地特征进行综合评价，明确基地设计定位。

课程目标 2：规划结构与布局。根据设计定位，分析居住对象的行为模式和活动规律，对住区规划结构与布局、道路交通与组织、外部空间与环境等设计。

课程目标 3：户型套内空间设计。掌握户型设计与生活模式的关联、绿色生态住宅建设设计原则和技术要求，能够对住宅建筑形体和套型布局进行适度创新。

课程目标 4：虚拟仿真辅助设计。掌握虚拟仿真实验原理，包括虚拟认知感悟、空间体验感悟、仿真技术验证等，推动设计方案深化。

课程目标与毕业要求的对应关系见表 10.1。

表 10.1　　　　　　　　　　课程目标与毕业要求的对应关系

毕业要求	毕业要求指标点	课程目标
熟悉详细规划设计的基本原理与方法	掌握住区规划设计的基本方法和步骤	课程目标 1
	掌握住区规划布局及交通流线、空间组合及形体造型等住区规划设计基本内容	课程目标 2 课程目标 3
	运用现代信息技术辅助设计	课程目标 4

10.3.2　教学计划与知识点安排

准确把握课程特点，从重点和难点出发组织教学，按照教学大纲和课堂教学目标，以知识单元为主线进行教学内容设置（表 10.2），建设不同形式的课程资源，实现课程资源与课程知识点的深度融合，激发探究式学习。

10.3.3　基本要求

1. 知识要求

了解住区建筑的类型特征及发展趋势，理解住区规划设计特征及形成原因；熟练掌握住区规划设计的空间结构、建筑布局、交通流线、消防疏散等设计；掌握住宅建筑设计空间组合、户型设计、交通流线等特点，住宅建筑单体间日照及防火间距设计要求及形体造型特点。

2. 能力要求

能够运用住区建筑的设计理论与设计方法，按照正确的设计程序进行合理的建筑设计，独立或合作完成住区建筑的设计方案。能够处理住区总平面设计中的功能分区、流线设计、防火疏散设计。完全掌握徒手绘图、尺规、工作模型表达手段。熟练

表 10.2　住区规划设计教学计划与知识点

知识点	教学动作	Mars 配合方案	主题/目标	模块名称	相关物料	资料内容
知识点 1 住区外围空间整体仿真认知	课前制作《住区外围空间认知》课件；课上进行理论知识点讲解，组织学生讨论内容与认知方法的关联性		1. 建立学生住区外围整体认知的重要性　2. 引导学生关注生活圈或区域整体空间结构	02 常规教学模块	PPT 课件或课程讲解视频	
	完成基地认知阶段知识点答题			02 实验准备模块	知识点对应题库	
	利有 Mars 软件，组织学生使用飞人视角浏览区域整体空间环境，增强学生的空间整体体验	VR 飞人视角体验		03 VR 模块	Mars 软件、VR 头盔、电脑	基地虚拟仿真认知场景
	对基地外围空间整体仿真认知进行讨论，完成课堂教学			04 总结模块	知识点对应题库	
知识点 2 住区外围空间沉浸式仿真认知	利用 Mars 软件，组织学生使用真人视角在基地周边漫步观察，了解基地特征、功能关系	VR 真人视角体验		03 VR 模块	Mars 软件、VR 头盔、电脑	基地虚拟仿真认知场景
	对基地外围空间沉浸式空间仿真认知进行总结讨论，完成课堂教学			04 总结模块	知识点对应题库	
知识点 3 住区设计条件认知	利用 Mars 软件，组织学生使用真人视角进入基地内部，增强学生对基地内部的感知，获取设计信息	VR 真人视角，获取信息 设计信息	1. 引导学生建立设计指标与空间对应的对应关系　2. 通过虚拟场景的融合激发学生设计的即时思考	03 VR 模块	Mars 软件、VR 头盔、电脑	基地虚拟仿真认知场景
	利用 Mars 软件，组织学生使用真人视角进入基地内部，在提示标记引导下，通过鼠标或手柄操作，测量基地空间尺寸数据	VR 真人视角，测量基地空间尺寸数据				
	对住区设计条件认知进行总结讨论，完成课堂教学			04 总结模块	知识点对应题库	

续表

知识点	教学动作	Mars 配合方案	主题/目标	模块名称	相关物料	资料内容
	完成认知报告作业					
知识点 4 人群行为虚拟感知	课前制作《住区人群行为感知》课件；课上进行理论知识点讲解，组织学生讨论人群行为活动与空间的关联性			01 常规教学模块	PPT 课件或课程讲解视频	
	完成行为感知阶段知识点答题			02 实验准备阶段	知识点对应题库	
	利用 Mars 软件，在多人协同模式下，师生基地内部和基地周边漫步观察、后台标记足迹热点	VR 多人协同活动、后台标记记录路径	1. 引导学生关注住区人群行为活动 2. 增强学生对生活圈概念的理解	03 VR 模块	Mars 软件、VR 头盔、电脑	基地虚拟仿真认知场景
	利用 Mars 软件，在虚拟任务场景中进行协同认知讨论、对讨论重点进行再次认知	VR 多人协同模式				
	对住区空间路径行为进行总结讨论、完成课堂教学			04 总结模块		
知识点 5 住区空间尺度结构感知	课前制作《住区空间结构感知》课件；课上进行理论知识点讲解，组织学生讨论住区基本形式各适应于哪种生活圈			01 常规教学模块	PPT 课件或课程讲解视频	
	组织学生在基地中利用 Mars 后台建筑模型，进行空间重组，建立基地与周边的空间结构关系	虚拟初步构思	1. 建立学生的空间尺度感 2. 引导学生根据初步构思，建立住区空间结构关系	03 VR 模块	Mars 软件、VR 头盔、电脑、知识点对应题库	基地初步构思场景
	对住区空间尺度结构感知进行总结讨论、完成课堂教学			04 总结模块	作业题	

续表

完成设计方案的图纸和 VR 可视化模型

知识点	教学动作	Mars 配合方案	主题/目标	模块名称	相关物料	资料内容
知识点 6 设计方案技术验证	课上进行设计规范知识讲解，使学生对设计规范有一定的认知			01 常规教学模块		
	引导学生将初步设计方案模型导入 Mars 软件，并打开设计规范图层，学习了解居住区设计规范	在 Mars 软件中导入方案模型	1. 模型感知与虚拟体验相结合，使学生掌握设计规范 2. 通过沉浸式的认知，培养学生对空间的理解能力，提高设计的科学性与合理性	03 VR 模块	Mars 软件、VR 头盔、电脑	基地设计方案虚拟模型
	根据设计规范，学生对比自己的设计方案，寻找方案中规范性的错误	打开设计规范验证图层				
	对住区设计方案技术验证进行总结讨论，完成课堂教学			04 总结模块	知识点对应题库	
知识点 7 设计方案光影模拟	进入方案 Mars 模型，打开日照分析面板，按照设计规范要求进行日照模拟	Mars 日照模拟分析	1. 通过模拟日照和光影，引导学生直观理解日照技术规范要求 2. 培养学生对建筑设计中环境与场地的关注，引发学生的思考	03 VR 模块	Mars 软件、VR 头盔、电脑、知识点对应题库	基地设计方案虚拟模型
	引导学生根据自己的设计空间足日照要求的设计方案，寻找不满					
	通过日照模拟分析空间的光影变化，从而验证设计方案的科学性与合理性					
	对住区设计方案光影模拟进行总结讨论，完成课堂教学			04 总结模块		

续表

知识点	教学动作	Mars 配合方案	主题/目标	模块名称	相关物料	资料内容
知识点 8 设计方案空间感知	利用 Mars 软件和 VR 设备，连接并佩戴头盔及操作手柄，采用飞人或真人视角寻找方案与外部空间环境的冲突问题	VR 飞人视角体验	1. 培养学生对住区外空间及方案空间的感知能力 2. 引导学生在对住区进行设计时，要注重人的心理感知，活动与空间的匹配度	03 VR 模块	Mars 软件、VR 头盔、电脑	基地设计方案模拟模型
	组织学生采用真人视角，进行沉浸式空间体验，寻找方案空间问题	VR 真人视角体验				
	对住区设计方案空间感知进行总结讨论，完成课堂教学			04 总结模块	知识点对应题库	
知识点 9 设计方案协同修改	利用 Mars 软件和 VR 设备，进入多人协同模式，师生共同进入设计方案	VR 协同讨论设计问题	1. VR＋方案汇报 2. VR＋学生自主优化方案 3. 让学生直观发现设计问题，提高设计科学性	03 VR 模块	Mars 软件、VR 头盔、电脑	基地设计方案模拟模型
	发现方案中存在的问题，进行讨论、探讨解决思路					
	让学生根据讨论结果对设计方案进行图纸、模型等修改			04 总结模块	作业题	
	根据技术验证、空间体验、协同修改讨论，对设计方案的图纸和虚拟模型进行修改					
知识点 10 设计方案评价	成果展示、评价	收集学生设计成果 师生对收集到的设计成果进行空间、技术等协调评价	1. VR＋方案汇报 2. VR＋设计评价	05 教学成果评估模块	Mars 成果对比评估方案 / Mars 教学效果评估表	基地设计成果模拟模型和图纸

运用计算机辅助表现技法合理表达设计意图及设计成果。学习能力的强化和运用能力的建设：要求学生学会从各类参考范例中吸收、整理及转化为与本课程有关的设计技巧和表达方法。

3. 素质要求

掌握建筑的复杂性与矛盾性，懂得取舍，能够抓住主要矛盾，解决主要问题。能够解决建筑专业与其他相关专业的问题衔接。具有较强的建筑审美能力。对社会生活、社会文化、居住模式进行关注及建立自我学习的意识和方法，从而形成对建筑的全面认知、理解和分析能力，建立对建筑设计的全面控制能力。

10.3.4 教学重点、难点与特色

1. 教学重点

教学重点在于学生对住区规划的空间结构的转变，如何将理论运用于实践。当学生从单体设计初次转向群体规划训练时，通常难以把握多层级、多类别空间的尺度差异，对理解影响住区空间的行为、经济和文化等因素间的关系产生困难，因此建立住区空间规划的逻辑分析方法至关重要。

2. 教学难点

之前模块的训练针对建筑单体，从建筑单体设计到住区规划设计，空间类型由建筑单一空间扩展为建筑内部空间、建筑群体空间、建筑外部空间多层级空间，而且设计尺度由 1∶100 转化为 1∶1000。因此，空间类型的不同以及设计尺度的转换是该课程的教学难点。

3. 教学特色

（1）引入社会学理论，打破知识点单向关联、使其立体融合。打破现有从单一学科建构住区知识体系的局面，引入社会学理论，将建筑学、城乡规划、风景园林等多个学科集合。从住区原理向上拓展到社会学，向下延伸到建筑学、园林景观学，形成多层次网络化知识单元结构，从传统专注于建筑和空间布局形态知识引导过渡到住区活力、健康生活营造等更加饱满立体的知识引导。

（2）融入全过程案例，强调教材科普教育属性，突出学科实践性。教材参编者以自身参与的全过程案例为媒介，将枯燥的知识点带入到设计真实环境中，同时借助虚拟现实增强技术对重点和难点知识、设计过程综合问题进行仿真模拟，通过案例全过程、多途径深度感悟帮助学生建立知识与实践应用的内在关联。

10.3.5 课程教学改革手段

1. 引入社会学方法，解决住区空间的认知深度问题

基于住区空间类型复杂，与人群行为、活动的关联紧密，课程融合了社会学调查方法，将人、行为与住区空间联系起来，提升空间设计质量，提升学生解决人居环境问题的综合能力。

2. 利用虚拟现实技术，优化空间设计的沉浸式体验问题

基于二维图纸和缩微模型的传统设计课程教学方法，学生学习难度高，设计精度和深度低。将虚拟现实技术深度融入课堂，让学生在 1∶1 真实尺度的空间中进行理

解、感悟和设计探讨，提高设计的精度和深度，进而探索建筑类专业人才培养的效率
与质量。

10.4　教　学　评　价

成绩评定实行全过程控制，围绕认知、感悟、设计三个阶段的教学重点，选择考
核要素，设置要素权重，突出虚实结合、体验评价、设计过程（表 10.3）。特别是增
加体验评价，提升课程结果的开放性评价。

表 10.3　　　　　　　　考 核 要 素 构 成 表

认知（20%）		感悟（30%）		设计（50%）		
实地认知	虚拟认知	图纸感悟分析	虚拟感悟分析	图纸成果	虚拟模型成果	空间体验评价
10%	10%	20%	10%	20%	20%	10%

附录 A

历年课程任务书与优秀作业

资源 11.1
虚拟任务
书.mp4

A.1 住区规划设计课程任务书（2017 年 3 月）

一、选题目的和意义

本设计应该重视城市自然、人文特色的动态延续性，提高居住的舒适性、安全性，加强空间领域限定、提高基地商业价值的同时坚持以人为本和生态环境保护原则。重点塑造片区特色，深化完善景观系统，对片区内土地使用、空间形态、建筑形体、广场绿地、道路交通、环境小品及人文活动场所等进行详细安排与设计。

二、技术条件

基地位于郑州市中心城区，北侧紧邻东风渠绿地，有良好的景观资源优势。规划区北起东风路，南到明鸿路，西接规划路，东侧紧邻商业地块，总用地面积约有 8.3 公顷。依据上位规划该地块主要以居住用地为主，可以兼容适当的商业服务设施。

设计要求符合国家、河南省及郑州市的有关法规、规范、规定，必须符合城乡规划部门的规划要点及符合建设单位的使用要求。主要经济技术指标控制如下：

①容积率：≤2.5。

②建筑高度不高于 100 米。

③建筑密度：25％以下。

④绿地率：不小于 30％。

⑤建筑后退红线：主干道 15 米，次干道 12 米，支路 8 米。

三、设计要求

1. 总平面设计：合理布置总平面图，需符合功能分区、空间组合、日照、通风、场地排水、安全疏散和环境景观的要求，满足建筑退让道路红线以及建筑间距要求。

2. 道路交通设施设计：道路系统应构架清楚，分级明确，与整体系统有机衔接，方便与外界的联系。

3. 公共空间组织：通过对公共空间的平面形态和竖向形态，空间的主次、联系、方向、尺度和风格特征，空间的出入口、流线的研究，提出空间系统组织、功能布局、形态设计、景观组织、尺度控制、界面处理等方面的控制和引导要求。

4. 建筑群体形态设计：建筑群体组合设计要综合考虑形态、造型、位置、尺度、体量、层次等因素。

5. 景观设计：绿地应按不低于 30％的要求布置，并尽可能增大绿地率，充分利用立体空间，包括垂直墙面、屋顶等，扩大绿化覆盖率，提高绿化质量；景观设计结合周边河渠道进行。

四、设计成果要求

1. 简要设计说明及经济技术指标：说明应包括区域发展趋势分析、基地现状分析、规划设计理念分析、产品策划分析、空间形态、建筑方案分析等内容；并要求有具体的经济技术指标数字，包括总用地面积、总建筑面积、建筑占地面积、容积率、建筑密度、绿地率、停车位和不同种类的建筑面积等。

2. 设计图纸要求：

①简要设计说明及经济技术指标：说明应包括背景分析、现状基础资料分析、策划分析、规划设计理念、空间形态等内容；并有具体的经济技术指标的数字，包括总用地面积、总建筑面积、建筑占地面积、容积率、建筑密度、绿地率、停车位和不同种类的建筑面积等。

②总平面图（1/1000）。

③局部地段详细总平面图（1/200）。

④功能分区图、规划结构图、前期区位分析图。

⑤道路交通系统规划图。

⑥景观系统规划图。

⑦开放空间规划图。

⑧总体鸟瞰图。

⑨其他现状分析、策划分析、户型、沿街立面、理念分析等相关分析图纸。

⑩所有设计图纸均为标准 A1 尺寸（841mm×594mm），符合制图标准与规范，在每张图纸上注明设计名称、页数、指导教师姓名、设计人姓名、班级、学号、设计日期。（草图用 A2 拷贝纸）

五、详细工作时间安排

第 1 周　讲授及调研

讲解任务书、相关设计要点，收集相关优秀案例（A2 拷贝纸）：

实地调研参观设计地块，做详细记录，现场分析，形成调研报告；

调研报告内容有图片、文字，制作调研报告 ppt 并汇报。

第 2～3 周　一草

进行方案初步构思，方案初步构思应该通过前期现状、策划等相关分析，确定规划定位，完成规划结构、道路交通等初步设计构思。

第 4～5 周　二草

确定规划结构，细化总平面、道路交通规划、绿地系统规划等图纸。

第 6～7 周　三草

确定总平面，细化局部地段详细总平面图以及局部地段道路交通规划、绿地系统规划等图纸；并完成整体鸟瞰和其他相关分析定稿图。

第 8 周　绘制正图

完成全部正图制作及提交，基本要求是手绘成图。

六、参考书目和规范

《居住区规划设计规范（2016年版）》（GB 50180—1993）

《总图制图标准》（GB/T 50103—2010）

《场地设计》（多本）

《城市道路和建筑物无障碍设计规范》（JGJ 50—2001）

《车库建筑设计规范》（JGJ 100—2015）

《城市用地竖向规划规范》（CJJ 83—1999）

《城市工程管线综合规划规范》（GB 20589—1998）

《郑州市城市规划管理技术规定》

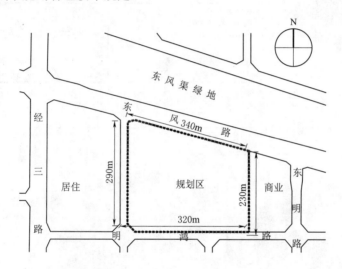

作品一：城市绿岛

在进行规划设计时，为适应当下建筑规划市场的需求，学习借鉴先进的规划原理——海绵城市、开放小区等，旨在建立一个生态自然，既满足人基本生活需求，又能带来非凡感受的"城市绿田"新型居住小区，适应市场需求，适应社会发展潮流。

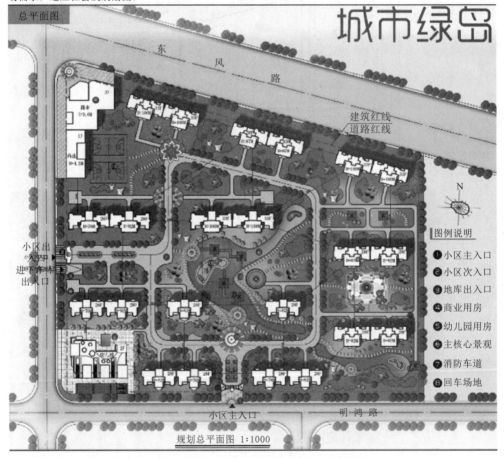

作品一：城市绿岛

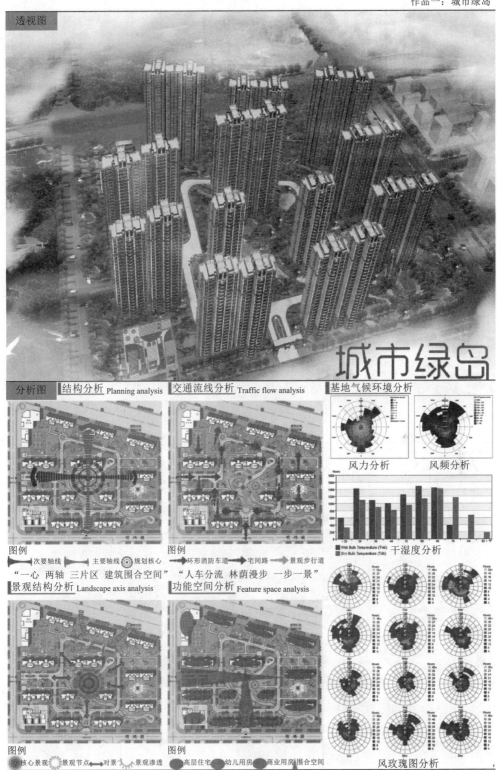

透视图

城市绿岛

分析图 | 结构分析 Planning analysis | 交通流线分析 Traffic flow analysis | 基地气候环境分析

风力分析　　风频分析

干湿度分析

图例
次要轴线　主要轴线　规划核心
"一心 两轴 三片区 建筑围合空间"

图例
环形消防车道　宅间路　景观步行道
"人车分流 林荫漫步 一步一景"

景观结构分析 Landscape axis analysis | 功能空间分析 Feature space analysis

图例
核心景观　景观节点　对景　景观渗透

图例
高层住宅　幼儿用房　商业用房围合空间

风玫瑰图分析

作品二：生态·纽带

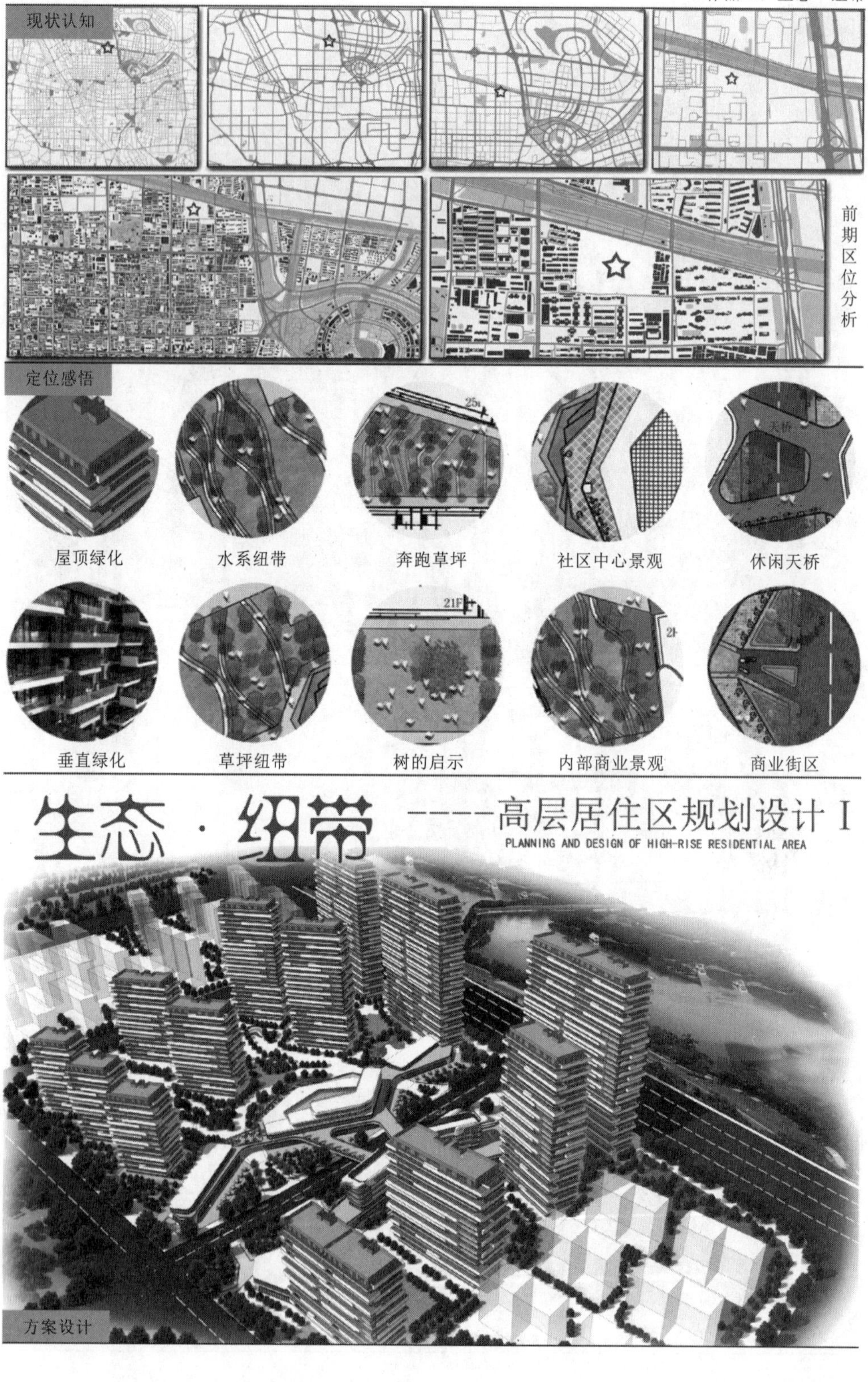
现状认知
前期区位分析
定位感悟
屋顶绿化
水系纽带
奔跑草坪
社区中心景观
休闲天桥
垂直绿化
草坪纽带
树的启示
内部商业景观
商业街区
生态·纽带 ----高层居住区规划设计 I
PLANNING AND DESIGN OF HIGH-RISE RESIDENTIAL AREA
方案设计

作品二：生态·纽带

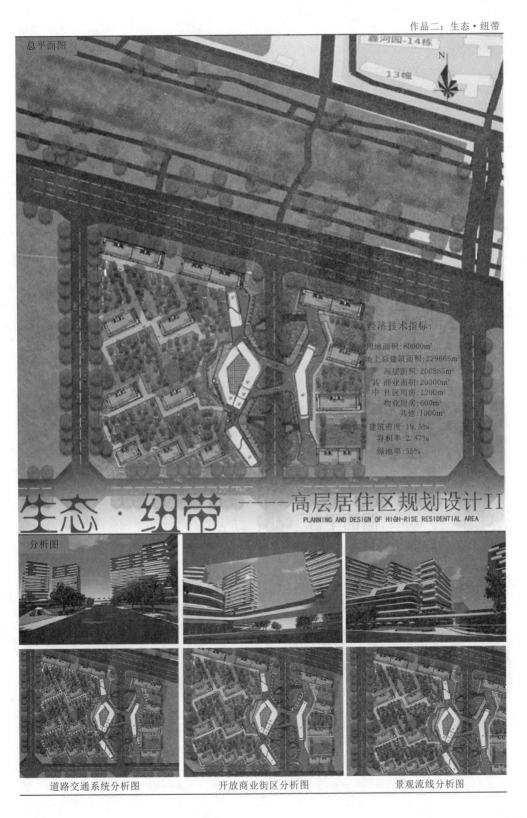

总平面图

经济技术指标：

用地面积：80000m²

地上总建筑面积：229665m²

高层面积：206865m²

其 商业面积：20000m²

中 社区用房：1200m²

物业用房：600m²

其他：1000m²

建筑密度：19.5%

容积率：2.87%

绿地率：55%

生态·纽带------高层居住区规划设计II

PLANNING AND DESIGN OF HIGH-RISE RESIDENTIAL AREA

分析图

道路交通系统分析图　　　开放商业街区分析图　　　景观流线分析图

105

作品三：居住·空间

现状认知

图示概念解析

增加绿化步行道和活动场所

多景高结合，形成立面变化

绿化步带

沿街形成商业丰富街区立面

小区中心

应对策略

形成小区中心，以满足社区聚合力。

住宅

小孩

老人

人群需求

城市需求

工作者

层高

商业

屏障

场地介绍

东风熙 鑫苑名家 农科院 星河新城 宏都花园 金城国际

定位感悟

穿过道路，在建筑斑驳的光影下驻足

入口

道路

幼儿园

如何置入？
如何交流？
如何居住？

居住区室内外公共空间环境的人性化设计

中心景观提供公共空间

中心景观

街道商业

方店

方案设计

居 住·空间
城市居住区规划建筑设计
Live & Place

11F   18F   30F

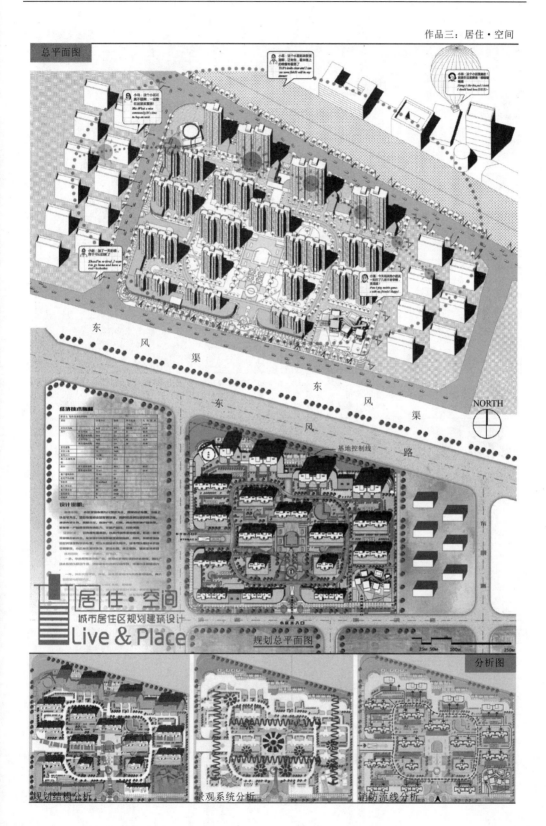

作品四：雅·文庭雅苑

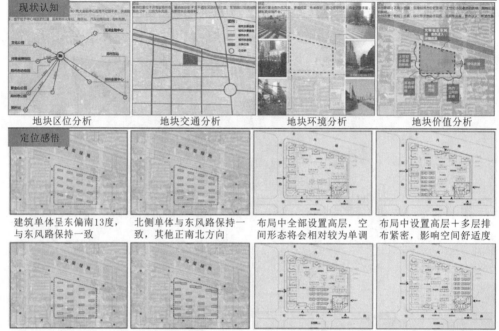

现状认知

地块区位分析　　地块交通分析　　地块环境分析　　地块价值分析

定位感悟

建筑单体呈东偏南13度，与东风路保持一致

北侧单体与东风路保持一致，其他正南北方向

布局中全部设置高层，空间形态将会相对较为单调

布局中设置高层＋多层排布紧密，影响空间舒适度

全部正南北方向布置：与城市肌理、周边建筑以及地块形态都不相协调

结论：地块最优布局为全部南北方向，但临东风路一侧建筑单体做错排处理

布局中设置高层＋多层＋部分低层，空间排布均匀，且竖向空间感受较好

结论：部分高层＋多层＋部分低层为最优布局，能使地块拥有最佳的空间形态

方案设计

雅·文庭雅苑
Design of the court 2

总平面图1:1000

作品四：雅·文庭雅苑

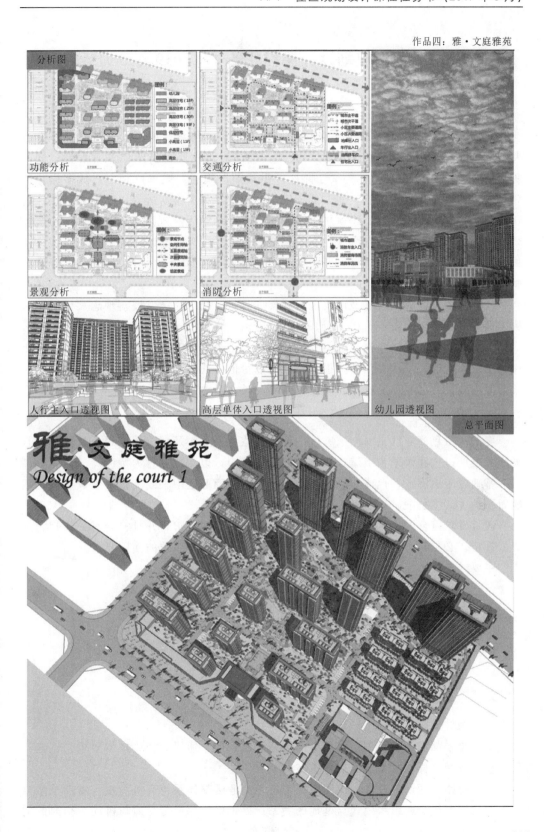

分析图

功能分析

交通分析

景观分析

消防分析

人行主入口透视图

高层单体入口透视图

幼儿园透视图

总平面图

雅·文庭雅苑
Design of the court 1

A.2　住区规划设计课程任务书（2019 年 3 月）

一、立题目的和意义

2015 年年底，中央城市工作会议提出了"创新、协调、绿色、开放、共享"五大城市发展理念，要求转变城市发展方式，提高城市发展可持续性和宜居性；同时期，上海市编制了《上海市"15 分钟社区生活圈"规划导则（试行）》，从多样化的舒适住宅、更多的就近就业空间、低碳安全的出行、类型丰富边界可达的服务、绿色开发活力宜人的开发空间 5 个方面提出了 15 分钟生活圈规划的基本思路和方法；2018 年住房城乡建设部公布了国家标准《城市居住区规划设计标准》（GB 50180—2018），明确提出了 15 分钟生活圈、10 分钟生活圈、5 分钟生活圈和居住街坊的概念。

住区规划设计应该遵循城市发展方式转变趋势，结合住区发展新理念"生活圈"，从居住人群的需求出发，营造安全、友好、舒适、有活力、高品质的社区生活空间。

本次基地住区设计应该在满足上述目的的基础上，同时注重塑造片区特色、强化片片空间、功能、景观等互动，提高基地商业价值，通过设计理念、空间营造、建筑形态等内容提升区域住区发展新高度。

二、技术条件

惠济区特色商业区是面向家庭的中原文化旅游商业区及都市休闲娱乐目的地，未来产业发展以主题娱乐为引擎，以休闲商业为核心，以文化创意为特色。

基地位于惠济区特色商业区月湖西侧，是特色商业区中轴线的重要组成部分，用地面积约 11.82 公顷。

设计要求符合国家、河南省及郑州市的发展趋势和要求，并且符合有关法规、规范、规定，必须符合城乡规划部门的规划要点及符合建设单位的使用要求。

主要经济技术指标控制如下：

（1）容积率：2.2 以下。

（2）建筑高度不高于 60 米。

（3）建筑密度：25％以下。

（4）绿地率：不小于 30％。

（5）建筑后退红线：主干道 15 米，次干道 12 米，支路 8 米。

（6）配套设施：6 班制幼儿园 1 所。

三、设计要求

（1）总平面设计：合理布置总平面图，满足日照、通风等相关技术要求。创造布局新颖、空间多样、富有活力的建筑空间组合。

（2）道路交通设施设计：道路系统与特色商业区整体系统有机衔接，重点是结合未来中轴线沿线交通组织模式与基地的关系；处理好内部慢行交通与机动车交通的关系，营造舒适连通的步行网络。

（3）公共空间组织：通过对单个公共空间的场地、界面、尺度、活动等设计，各公共空间之间层次、流线、功能关系等设计，创造具有人文魅力、人性化、高品质的公共空间组织。

（4）建筑及群体组合设计：单体建筑内部套型设计要满足居住人群的基础性要求和个性化要求，和住宅建筑设计新理念结合；建筑群体组合要综合考虑形态、造型、位置、尺度、体量、层次等因素。

（5）景观设计：绿地率应不低于 30％，尽可能地增大绿地率，充分利用立体空间，包括垂直墙面、屋顶等，扩大绿化覆盖率，提高绿化质量。

四、设计成果要求

简要设计说明及经济技术指标：说明应包括区域发展趋势分析、基地现状分析、规划设计理念分析、产品策划分析、空间形态、建筑方案分析等内容；并有具体的经济技术指标数字，包括总用地面积、总建筑面积、建筑占地面积、容积率、建筑密度、绿地率、停车位和不同种类的建筑面积等。

设计图纸要求：

（1）前期区位、交通、空间结构等分析图。

（2）总平面图（1/1000）。

（3）局部地段详细总平面图（1/500）。

（4）功能分区图或规划结构分析图。

（5）道路交通系统规划图。

（6）景观系统规划图。

（7）开放空间规划图。

（8）户型、建筑方案图。

（9）总体鸟瞰图。

（10）其他现状分析、策划分析、沿街立面、理念分析等相关分析图纸

所有设计图纸均为标准 A1 尺寸（841mm×594mm），符合制图标准与规范，在每张图纸上注明设计名称、页数、指导教师姓名、设计人姓名、班级、学号、设计日期。（草图用 A2 拷贝纸）

模型成果要求：

（1）方案 1∶1 真实尺度 SU 模型。

（2）方案 1∶1 真实尺度虚拟场景。

（3）场景漫游视频。

五、详细工作时间安排

（1）第 1 周（基地 VR 虚拟认知）。

（2）第 2 周（基地＋案例分析讨论）。

（3）第 3 周（草图＋模型初步构思）。

（4）第 4 周：一草（方案 VR＋图纸协同设计）。

（5）第 5～6 周二草（方案 VR＋图纸协同设计）。

（6）第 6～7 周三草（方案 VR＋图纸精细设计）。

（7）第 8 周绘制正图（方案 VR＋图纸成果表达评价）。

六、参考书目和规范

《城市居住区规划》，周俭，同济大学出版社，1999 年。

《居住区规划原理与设计方法》，胡纹，中国建筑工业出版社，2010 年。

《居住区规划设计》，朱家瑾，中国建筑工业出版社，2007 年。

《住宅人居环境设计》，林其标、林燕、赵维稚，华南理工大学出版社，2000 年。

《人居环境科学导论》，吴良镛，中国建筑工业出版社。

《场地设计》，张伶伶、孟浩，中国建筑工业出版社。

《城市居住区规划设计标准》（GB 50180—2018）。

《上海市 15 分钟生活圈设计导则》。

作品一：社区、共享

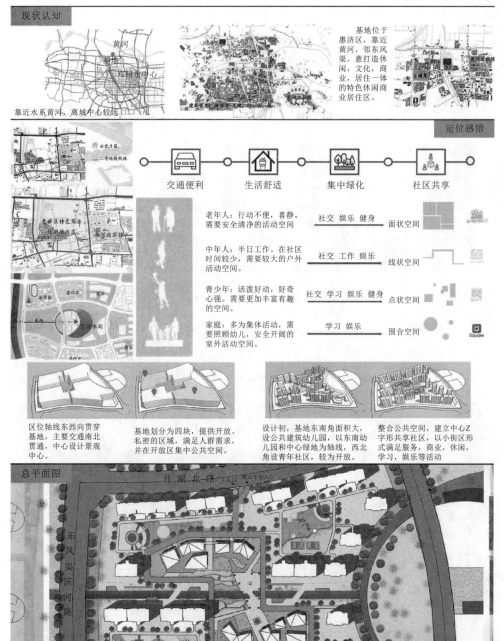

现状认知

黄河
基地
郑州市中心

靠近水系黄河，离城中心较远

基地位于惠济区，靠近黄河，邻东风渠，意打造休闲、文化、商业、居住一体的特色休闲商业居住区。

定位感悟

公交片区
二号地铁线路

惠济区特色商业中心
特色居住区

居住区

交通便利　　生活舒适　　集中绿化　　社区共享

老年人：行动不便，喜静。需要安全清净的活动空间

社交 娱乐 健身　　面状空间

中年人：半日工作。在社区时间较少，需要较大的户外活动空间。

社交 工作 娱乐　　线状空间

青少年：活泼好动，好奇心强。需要更加丰富有趣的空间。

社交 学习 娱乐 健身　　点状空间

家庭：多为集体活动，需要照顾幼儿，安全开阔的室外活动空间。

学习 娱乐　　围合空间

Square

区位轴线东西向贯穿基地，主要交通南北贯通，中心设计景观中心。

基地划分为四块，提供开放、私密的区域，满足人群需求，并在开放区集中公共空间。

设计初，基地东南角面积大，设公共建筑幼儿园，以东南幼儿园和中心绿地为轴线，西北角设青年社区，较为开放。

整合公共空间，建立中心Z字形共享社区，以小街区形式满足服务，商业，休闲，学习，娱乐等活动

总平面图

月湖北路
东风渠滨河路
月湖南路

113

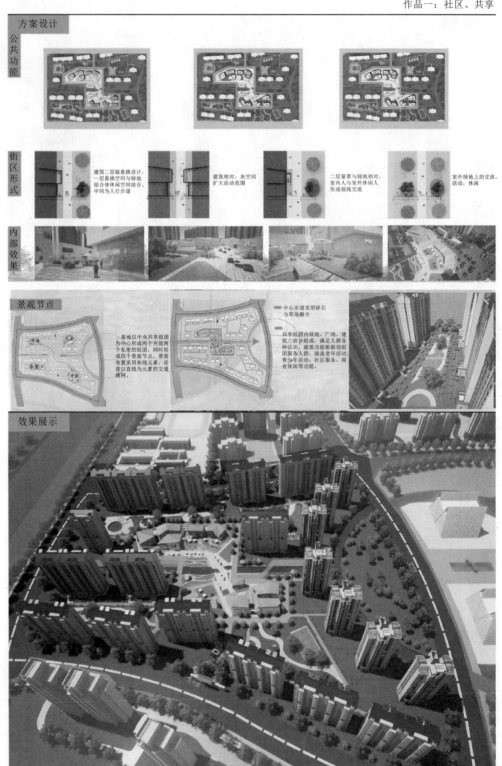

作品二：生态、活力、共享

现状认知

区位分析

基地位于我国河南省，地处平原地貌，紧邻黄河，水源较为充足，属于温带大陆性气候，适宜居住

基地处于河南郑州，处于中原城市群的核心层，是连接中国东西部的重要枢纽

郑州市惠济区是郑州中心城区周边经济开发区之一，被确立其定位"特色商业区"

惠济区与周围商圈联系密切，以主题娱乐为引擎，以休闲商业为核心，以文化创意为特色

基地位于惠济区的月湖周边，发展高品质生活居住区，重点发展旅游度假。

方案设计

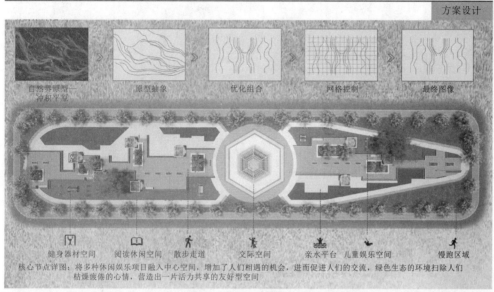

自然界原型—冲积平原 > 原型抽象 > 优化组合 > 网格控制 > 最终图像

健身器材空间　阅读休闲空间　散步走道　　交际空间　　亲水平台　儿童娱乐空间　　慢跑区域

核心节点详图：将多种休闲娱乐项目融入中心空间，增加了人们相遇的机会，进而促进人们的交流，绿色生态的环境扫除人们枯燥疲倦的心情，营造出一片活力共享的友好型空间

效果展示

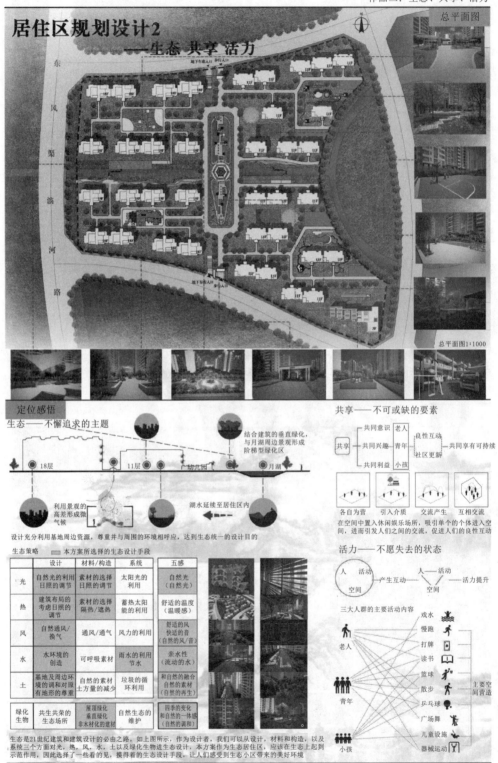

作品二：生态、共享、活力

作品三：老幼友好型居住区

现状认知

郑州市地处黄河中下游和伏牛山脉东北翼向黄淮平原过渡的交界地带，西部高，东部低，中部高，东北低或东南低；属北温带大陆性季风气候，四季分明。

基地位于郑州市惠济区特色商业区月湖西侧，用地面积约19.86公顷。基地周边自然资源丰富，风景优美，人口密度相对市区较低，配套服务设施齐全。

基地500米范围内有幼儿园一个，小学一个，初中一个，万达商圈、惠济区人民医院、便民服务设施若干，基地周边基本为居住区与商业区，公共服务设施齐全（银行、商场、宾馆、餐饮等）。

基地周围四条道路均为次干道和支路，次干道后退道路红线为12米，支路后退道路红线为8米。

SWOT分析

S优势：
1. 基地自然资源丰富，景观良好。
2. 交通路况良好。
3. 紧邻万达商圈与惠济人民医院，公共附属服务设施比较完善。

W劣势：
1. 相对城区中心较远。
2. 公共服务设施档次有待提升。

T挑战：
1. 对社会问题的回应。
2. 对基地景观的良好利用与呼应。
3. 对基地内交通的组织与安排。
4. 与周围住区与商业区协调的方式。

O机会：
1. 基地发展潜力大，以万达为主的商圈吸引大量的资源与机会。
2. 公共交通便利。
3. 良好的可利用的景观。

问题与需求

当今社会老龄化加深、二孩政策放开，老人增多、孩子增多……他们需要"一碗汤的距离"

三代同堂导致居住空间太小

观念、生活方式的差别，同居矛盾难免

孩子小，有时需要父母帮忙抚养

老幼友好型居住区 1
Old and Young Friendly Residential Area

提出策略

老幼共融，形成街坊式的老幼生活圈。

国外学者提出"一碗汤距离"的理论，指子女从自己家中给老人住处送去一碗汤，到达老人家里时，热汤尚未变凉。它是一个既满足子女独立性要求，又能让老人得到较好照顾的合适距离。

考虑到西侧为快速路，东侧为大片绿地，不适合做主入口，所以在南北两侧设置主入口，形成第一条轴线，天然河流形成第二道轴线，将基地分割成四部分，每一部分都满足五分钟的步行距离。

方案设计

局部地段详细总平面图1:500

中心景观解读

作品三：老幼友好型居住区

效果展示

老幼友好型居住区 2
Old and Young Friendly Residential Area

设计说明

随着社会的老龄化和二孩政策的开放,身边有越来越多的老人和孩子,而惠济区这个地块配套设施齐全又是学区房,所以老人和孩子自然不会少,怎么组织几代人之间的距离是一个值得思考的问题,而且普通的居住区基本上只考虑了18~65岁的年龄段的人性化设计,对真正在居住区待的时间最长的老人和儿童缺少了单独的考虑,所以从这个角度出发,做了一个老幼友好型的居住区,让三代人保持在"一碗汤的距离",各种设施符合各类人的需求,让居住区的人们获得更好的居住体验。

规划分析

建筑解读

总平面图

总平面图1:1000

作品四：水林人家

总平面图

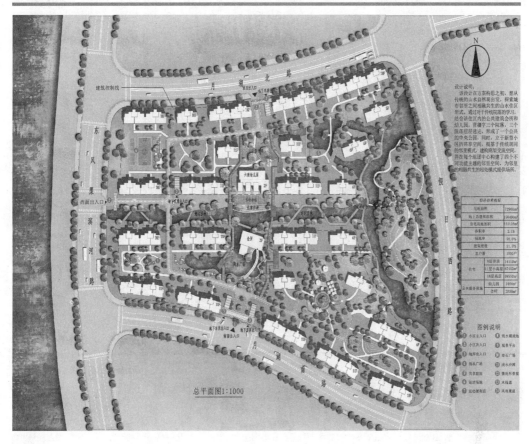

总平面图1:1000

基地分析

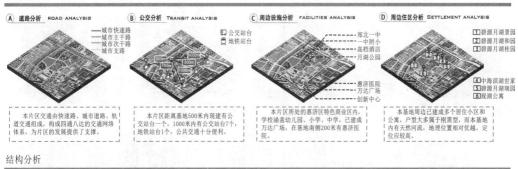

(A) 道路分析 ROAD ANALYSIS

(B) 公交分析 TRANSIT ANALYSIS

(C) 周边设施分析 FACILITIES ANALYSIS

(D) 周边住区分析 SETTLEMENT ANALYSIS

本片区交通由快速路、城市道路、轨道交通组成，构成四通八达的交通网络体系，为片区的发展提供了支撑。

本片区距离基地500米内现建有公交站台一个，1000米内有公交站台7个，地铁站台1个，公共交通十分便利。

本片区所处的惠济区特色商业区内，学校涵盖幼儿园、小学、中学，已建成万达广场，在基地南侧200米有惠济医院。

本基地周边已建成多个居住小区和公寓，户型大多属于刚需型，而本基地内有天然河流，地理位置相对优越，定位较高。

结构分析

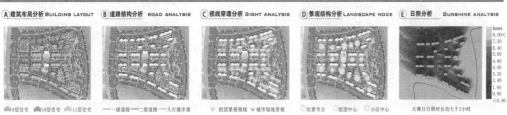

(A) 建筑布局分析 BUILDING LAYOUT

(B) 道路结构分析 ROAD ANALYSIS

(C) 视线穿透分析 SIGHT ANALYSIS

(D) 景观结构分析 LANDSCAPE NODE

(E) 日照分析 SUNSHINE ANALYSIS

大寒日日照时长均大于2小时

作品四：水林人家

效果图

节点透视

Ⓐ一进院落：入口会所　Ⓑ二进院落：社区幼儿园　Ⓒ三进院落：乐活空间　Ⓓ滨水漫步道：悠闲溪林　Ⓔ滨水漫步道：镜湖虹桥

户型平面　　　　　　　　　　　　　　　　立面剖面

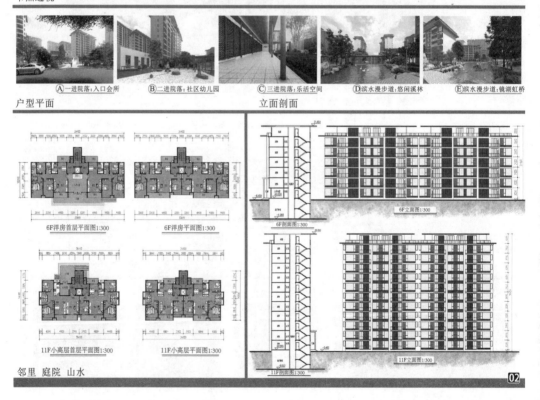

6F洋房首层平面图1:300　　　6F洋房平面图1:300

11F小高层首层平面图1:300　　11F小高层平面图1:300

6F剖面图1:300　　　6F立面图1:300

11F剖面图1:300　　　11F立面图1:300

邻里　庭院　山水

02

作品五：基于"羊毛算法"的衍生

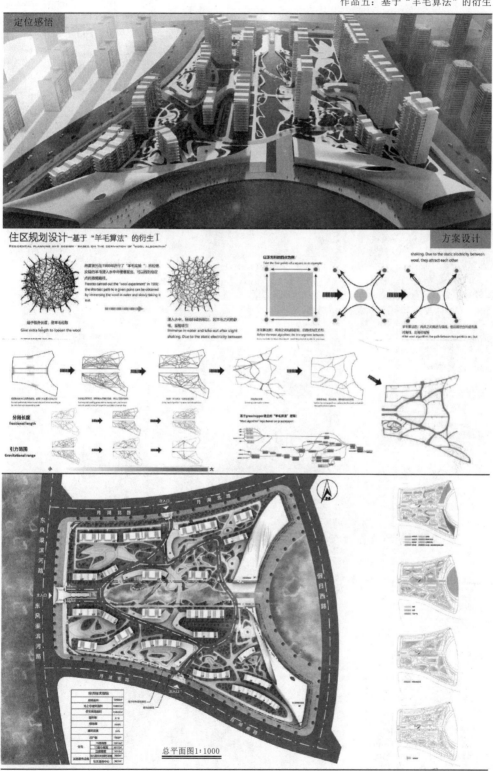

总平面图1:1000

作品五：基于"羊毛算法"的衍生

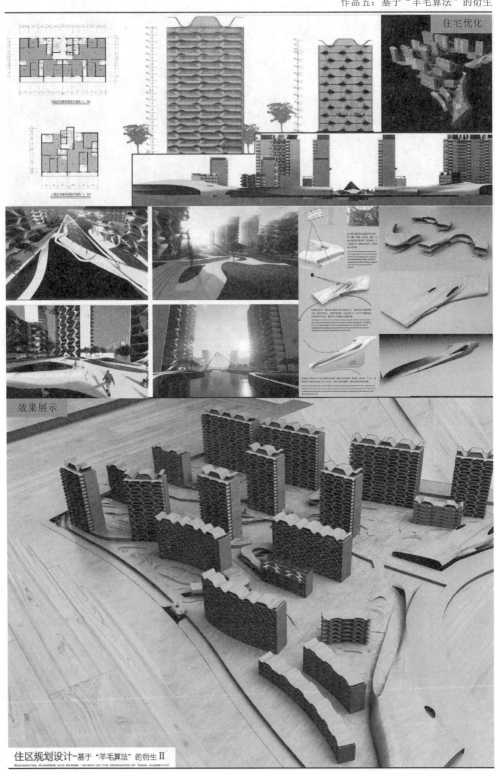

附录 B

工程实践案例

B.1 科达清华园住区规划设计

B.1.1 项目感知情况概述

科达清华园位于浚县老城、新城和产业集聚区三者围合的三角区重心位置，紧接浚州大道和长江路交叉处形成的城市功能核心区，东临浚县城市广场，片区发展活力足；西依卫河生态核心，景观区位条件优越；南面老城中心，历史人文底蕴深厚。

资源 11.2
科达清华园
住区规划设
计图片

基地四周被城市道路围合，南面是浚州大道、北面是永丰大道、西面是宵河路、东面是长江路，交通条件便捷。同时基地位于卫河景观廊道和引黄入浚景观廊道之间，东面有城市公园和城市广场，环境优美。而且基地周边规划有医院、学校、金融机构、政府部门、商业设施等配套，基础配套设施完善。基地呈方形，东西长约467m，南北长约552m，总用地面积约为 17.4hm²，规划了 1965 套住宅，居住人口规模达到 6288 人，归属于 5 分钟生活圈（图 B.1）。

图 B.1　科达清华园鸟瞰

B.1.2　空间结构与建筑布局

1. 空间结构

根据对基地形状、资源、周边环境的分析研究，空间结构采用轴线式和片块式，形成了"一心、两轴、多组团"的空间结构布局。一心即基地中心位置，打造景观核心；两轴即南北向的景观主轴和东西向的景观次轴；多组团即通过建筑和路网的围合形成多个组团，每个组团规划有景观中心（图 B.2）。

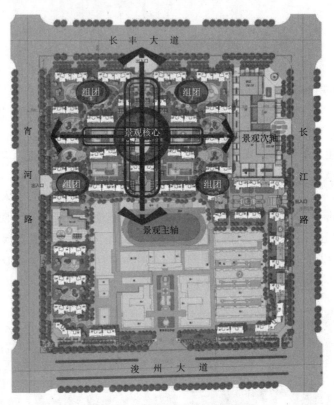

图 B.2　科达清华园空间结构

2. 建筑布局

建筑布局划分为住宅区、商业区和教育区，建筑以高层住宅、多层住宅、商业、幼儿园及社区其他配套用房组成。商业位于基地东北角，主要业态为酒店、公寓、综合商业；高层住宅位于基地北侧，采用单元上下错位的行列式布局；多层住宅位于基地南侧，采用行列式布局；教育包括现状的科达学校和规划的幼儿园，幼儿园位于基地西侧居中位置（图 B.3）。

B.1.3　单体建筑设计

建筑单体根据地块规划条件要求和地块价值，规划为普通住宅、商业、幼儿园及社区其他配套用房，单体布局结合项目景观资源进行合理布局，实现景观价值最大化。单体平面设计中采用一梯两户、两梯四户和一梯三户多种布局方式，为尽可能地利用地块的空间价值，结合地块设计户型，部分户型在东南角和西南角转角处采用一梯两户的大

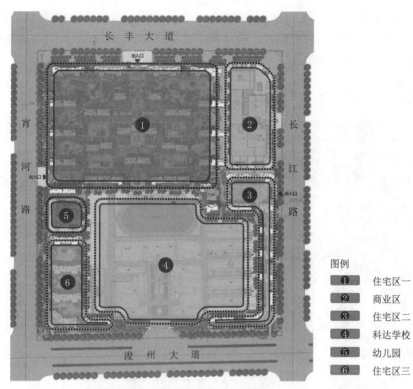

图 B.3 科达清华园建筑布局

户型，尽可能扩大转角界面。户型方正南北通透，功能分区合理，强调均好性，并兼顾采光、通风与景观。立面采用三段式对称布局，建筑风格为简洁的新中式，用现代建筑新技术、新材料处理传统建筑元素，是对浚县"历史文化名城"的回应（图 B.4）。

(a)   (b)

图 B.4 科达清华园效果图

B.1.4 配套设施规划

本项目属于 5 分钟生活圈，在满足老年人、儿童高频使用设施和步行出行距离要求上，布置有小学、幼儿园、医疗保健机构、文化体育活动站、综合商店、餐饮店、社区服务中心以及物业用房等配套服务设施；并在规划区内规划居民健身设施和公共活动场地，同时为满足青年人生活需求配备有大型商业设施（图 B.5）。

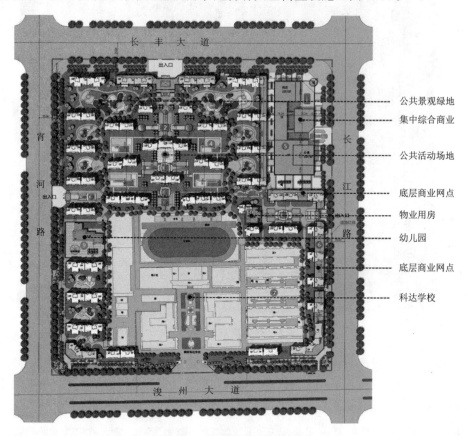

图 B.5　公共服务设施布局

B.2　建海盛世新城住区规划设计

B.2.1　项目感知情况概述

　　建海盛世新城（B.6）位于荥阳郑上路与广武路交会处向南，广武路与龙港路交会处东南角，属于大型城中村改造项目，基地东、南紧邻荥阳植物园——优越的天然氧吧。地形平坦，用地形状较为方正，东西长约 409m，南北长约 352m，用地南侧高压线不可移动且要保证部分现有建筑的出行道路。规划总用地面积约 11.9hm²，规划了 2751 套住宅，居住人口规模达到 8800 人，属 5 分钟生活圈。

B.2.2　空间结构与建筑布局

　1.空间结构

　　根据对基地形状、资源、周边环境等的分析研究，空间结构采用轴线式，形成了

图 B.6 建海盛世新城鸟瞰

"一心、两轴"的空间结构布局。一心即基地中心位置，打造中式景观核心；两轴即南北向的景观观主轴和东西向的景观次轴，作为整个居住小区的基本架构（图 B.7）。

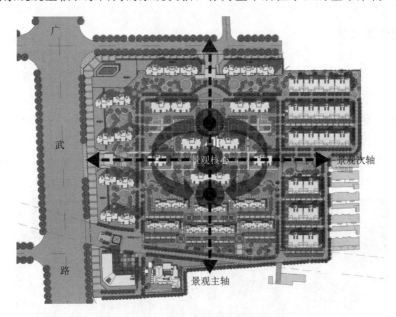

图 B.7 建海盛世新城空间结构

2. 建筑布局

建筑布局以中轴对称为设计手法，采用组团将基地划分为四个地块，分别为高层区（西侧及北侧）、花园洋房区（东侧）、别墅区（南侧）及被高压线分开的小地块附属区（南侧），见图 B.8。高层住宅组团通过上下单元错位，创造出更加丰富的空间层次；别墅组团通过左右单元错位，保证了外部空间界面的连续性，增强了外部空间的私密性，在满足日照要求的前提下，最大可能地给予每户居民最多的绿化景观面；花园洋房组团受用地形态限制，采用了标准的行列式布局。

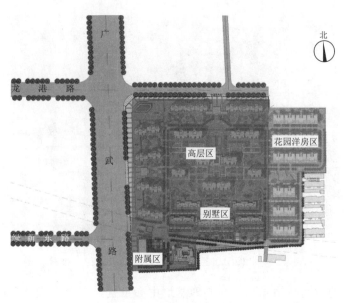

图 B.8　建海盛世新城建筑布局

B.2.3　单体建筑设计

　　本项目涵盖住宅、商业、公寓、幼儿园及社区配套服务用房，围绕中心景观，在满足日照要求的前提下，最大可能地给予每户居民最多的绿化景观面。单体住宅设计有高层住宅、多层洋房、别墅等形式，户型多样，满足不同层次人群的需求。立面造型采用法式经典风格，用一种多元化的思考方式，将法式原有风情与现代人对生活的需求相结合。设计一方面尊重和保留新材质和色彩的自然风格，摒弃过于复杂的肌理和装饰，简化线条，保持现代而间接的审美倾向；同时，通过准确的比例调整和精致的细节设计，结合周围环境，体现自然、亲和的"家"的气质与形态（图 B.9）。

(a)　　　　　　　　　　　　　　(b)

图 B.9　建海盛世新城建筑效果图

B.2.4 配套设施规划

本项目属于5分钟生活圈，配套设施主要满足家庭单位基本生活使用设施的距离要求，小区配套有幼儿园、社区养老服务中心和配套用房。配套用房内设置商业用房（便民店）、文化活动站、物业用房及居委会，同时在小区规划区内设置儿童及老年人休闲娱乐设施、公共活动场地等（图B.10）。

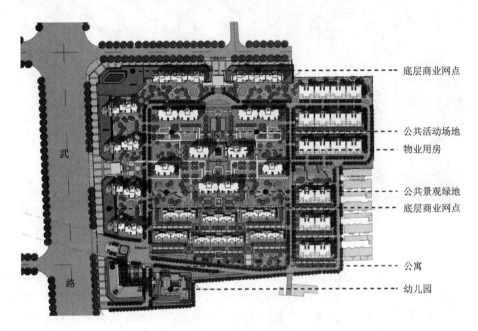

图B.10 公共服务设施布局

B.3 尚城公馆住区规划设计

B.3.1 项目感知情况概述

基地位于鹤壁市浚县新城区建设路以南、黎阳路以北、淇河路以东、双城路以西，处于浚县新城区的主要位置，环境优美，交通便利，服务设施完善，非常适宜居住生活。

本项目位于浚县中心城区，项目建筑由多层住宅、高层住宅、物业用房、社区养老服务中心和配套幼儿园组成，规划总用地面积约为6.9hm²，基地呈长方形，东西长约157m，南北长约487m，规划了621套住宅，居住人口规模达到1988人，归属于居住街坊（图B.11）。

B.3.2 空间结构与建筑布局

1. 空间结构

根据对基地形状、资源、周边环境的分析研究，采用对称式和围合式布局方式，

资源11.4 尚城公馆住区规划设计图片

图 B.11 尚城公馆小区鸟瞰

形成了"一心、两轴、多节点"的空间布局结构（图 B.12）。在景观设计上始终贯彻将"道路-景观-住宅"作为小区建设的主要观点，体现出我们的设计宗旨"一半公园一半家"。同时用"绿化中的建筑"和"建筑中的绿化"两种手法营造小区景观中心，形成集中绿地与庭院景观，有效利用土地，突出小区的整体特色。

2. 建筑布局

建筑采用对称式布局，建筑单体围绕中心景观布置（图 B.13）。住区共规划了 22 栋楼，从南到北分别有多层和高层的居住建筑、幼儿园、社区养老服务中心以及配套用房，其中居住建筑有 9 层、10 层、11 层和 17 层等不同建筑高度，总体布局采用对称式，以中心绿化景观广场为视觉中心，层叠展开建筑，使每户住宅朝南又向景。整个小区建筑采用层次化的高度控制，主要是通过不同的建筑高度、屋顶轮廓的变化来丰富居住区整体空间。

B.3.3 单体建筑设计

建筑单体根据地块规划条件要求和地块价值规划布局为住宅、幼儿园及社区其他配套用房。户型设计方正，南北通透，单体建筑立面采用对称式设计，充分利用建筑本身的功能构件，如阳台、窗台、空调板、屋顶构架等进行组合，强调细节处理；立面的色彩运用上，结合当地的气候特点，同时考虑建筑所处地理位置，外立面采用米白色和咖啡色相结合，立面造型采用新中式建筑风格，运用传统建筑元素，例如"回"字纹和格子花窗，来打造建筑特色（图 B.14）。

B.3.4 配套设施规划

本项目属于居住街坊，配套设施主要满足家庭单位基本生活使用设施的距离要

图 B.12　尚城公馆小区空间结构

求，小区配套有幼儿园、社区养老服务中心和配套用房。配套用房内设置商业用房（便民店）、文化活动站、物业用房及居委会，同时在小区规划区内设置儿童及老年人休闲娱乐设施、公共活动场地等（图 B.15）。

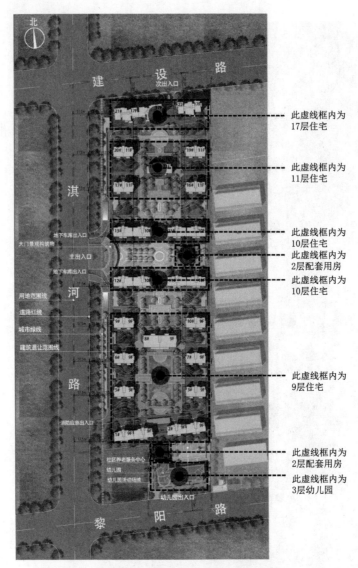

此虚线框内为
17层住宅

此虚线框内为
11层住宅

此虚线框内为
10层住宅

此虚线框内为
2层配套用房

此虚线框内为
10层住宅

此虚线框内为
9层住宅

此虚线框内为
2层配套用房

此虚线框内为
3层幼儿园

图 B.13 尚城公馆小区建筑布局

图 B.14 尚城公馆小区效果图

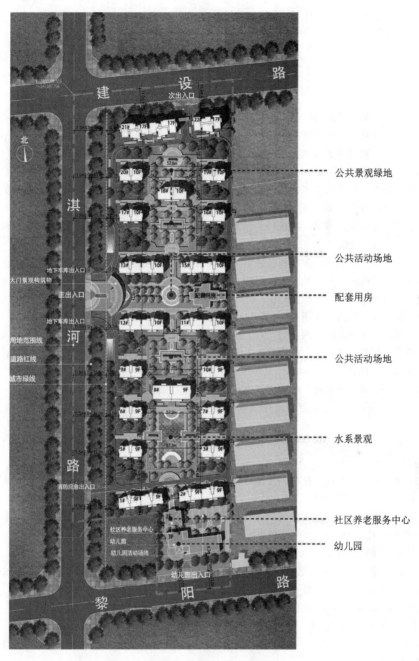

图 B.15 配套设施布局

参 考 文 献

［1］ 中华人民共和国建设部. 城市居住区规划设计规范：GB 50180—1993（2002 年版）［S］. 北京：中国建筑工业出版社，2002.

［2］ 中华人民共和国住房和城乡建设部. 城市居住区规划设计标准：GB 50180—2018［S］. 北京：中国建设工业出版社，2018.

［3］ 李萌. 基于居民行为需求特征的"15 分钟社区生活圈"规划对策研究［J］. 城市规划学刊，2017（1）：111-118.

［4］ 肖作鹏，柴彦威，张艳. 国内外生活圈规划研究与规划实践进展述评［J］. 规划师，2014，30（10）：89-95.

［5］ 于一凡. 从传统居住区规划到社区生活圈规划［J］. 城市规划学刊，2019（5）：17-22.

［6］ 孙道胜，柴彦威. 城市社区生活圈体系及配套设施空间优化：以北京市清河街道为例［J］. 城市发展研究，2017，24（9）：7-14，25.

［7］ 钟波涛. 城市封闭住区研究［J］. 建筑学报，2003（9）：14-16.

［8］ 杨保军. 关于开放街区的讨论［J］. 城市规划，2016，40（12）：113-117.

［9］ 林必毅，赵瑜，张世宇. 智慧城市 PPP 项目中智慧社区设计及应用研究［J］. 智能建筑与智慧城市，2016（2）：83-85.

［10］ 陈凤美. 实现"城中村"内涵式城市化［J］. 中文信息，2013（11）：197-198.

［11］ 张京祥，赵伟. 二元规制环境中城中村发展及其意义的分析［J］. 城市规划，2007（1）：63-67.

［12］ 马晓亚，袁奇峰，赵静. 广州保障性住区的社会空间特征［J］. 地理研究，2012，31（11）：2080-2093.

［13］ 张京祥，胡毅，赵晨. 住房制度变迁驱动下的中国城市住区空间演化［J］. 上海城市规划，2013（5）：69-75，80.

［14］ 马晖，赵光宇. 独立老年住区的建设与思考［J］. 城市规划，2002，26（3）：56-59.

［15］ 史北祥，沈丽珍，张益峰. 精准定位下目标导向性的住区规划教学研究［J］. 规划师，2017，33（12）：150-153.

［16］ 周素红，邓丽芳. 城市低收入人群日常时空聚集现象及因素：广州案例［J］. 城市规划. 2017（12）：17-25，86.

［17］ 胡有文. 论住宅小区中的景观：兼评深圳桃源的"水木华庭"景观［J］. 中外建筑，2004（3）：93-95.

［18］ 赵燕菁. 从计划到市场：城市微观道路-用地模式的转变［J］. 城市规划，2002，26（10）：24-30.

［19］ 江玉. 城市中心区支路网合理密度研究［J］. 城市规划，2002（11）.

［20］ 鲁斐栋，谭少华. 城市住区适宜步行的物质空间形态要素研究：基于重庆市南岸区 16 个住区的实证［J］. 规划师，2019，35（7）：69-76.

［21］ 凌璇，公理. 杭州市"邻里中心"规划创新研究与探索［J］. 杭州学刊，2018（2）：6.

［22］ 张玉鑫，奚东帆. 聚焦公共空间艺术，提升城市软实力：关于上海城市公共空间规划与建设的思考［J］. 上海城市规划，2013（6）：23-27.

［23］ 靳克之. 浅谈休闲度假类社区中的邻里中心设计［J］. 城市建筑，2019，16（11）：71-72.

[24] 谭燕香. 以人为本 高质量建设宅旁绿地 [J]. 湖南林业，2006 (5)：9.

[25] 杨玙珺. 老年住区规划设计研究 [D]. 北京：北方工业大学，2015.

[26] 李翔. 高层住宅外部空间环境评价：以天津市地区为例 [D]. 天津：天津大学，2007.

[27] 张小波. 寒冷地区高层住宅居住环境舒适性设计探索 [D]. 大连：大连理工大学，2009.

[28] 施玉洁. 环境行为视角的山地城市梯街空间优化研究 [D]. 重庆：重庆大学，2018.

[29] 傅波. 基于居民需求的住区归属感营造 [D]. 长沙：湖南大学，2010.

[30] 胡纹. 居住区规划原理与设计方法 [M]. 北京：中国建筑工业出版社，2007.

[31] 朱家瑾. 居住区规划设计 [M]. 北京：中国建筑工业出版社，2001.

[32] 开彦. 中国住宅产业化 60 年历程与展望 [J]. 住宅科技，2009，29 (10)：1 - 5.

[33] 李和平，李浩. 城市规划社会调查方法 [M]. 北京：中国建筑工业出版社，2004.

[34] 陈前虎，武前波，吴一洲，等. 城乡空间社会调查：原理、方法与实践 [M]. 北京：中国建筑工业出版社，2015.

[35] 扬·盖尔，比吉特·斯娃若. 公共生活研究方法 [M]. 赵春丽，蒙小英，译. 北京：中国建筑工业出版社，2016.

[36] 王健. 城市居住区环境整体设计研究：规划·景观·建筑 [D]. 北京：北京林业大学，2008.

[37] 文闻. 自下而上的住区配套设施研究 [D]. 长沙：中南大学，2012.

[38] 王俊. 当代居住入口空间研究 [D]. 大连：大连工业大学，2009.